中国风景园林学会规划设计委员会
中国风景园林学会信息委员会　编
中国勘察设计协会园林设计分会

Landscape
Architects

风景园林师 15

中国风景园林规划设计集

U0315411

中国建筑工业出版社

风景园林师

风景园林师

三项全国活动

●举办交流年会：

（1）交流规划设计作品与信息

（2）展现行业发展动态

（3）综观市场结构变化

（4）凝聚业界厉炼内功

●推动主题论坛：

（1）行业热点研讨

（2）项目实例论证

（3）发展新题探索

●编辑精品专著：

（1）举荐新优成果与创作实践

（2）推出真善美景和情趣乐园

（3）促进风景园林绿地景观协同发展

（4）激发业界的自强创新活力

●咨询与联系：

联系电话：010-58337201

电子邮箱：dujie725@gmail.com

得天独厚　因人成胜

——杭州西湖风景名胜区之大成（代序）

一、问名心晓

对于西湖，白居易有诗"未曾抛得杭州去，一半勾留是此湖"；关汉卿诗曰"普天下锦绣乡，寰海内风流地"。

西湖早称武林水、明圣湖、金牛湖，因湖在城西而称。苏轼有诗："欲把西湖比西子，淡妆浓抹总相宜"，将自然人化。此后宋官方文件现西湖名。"西湖天下景，游者无愚贤，深浅随所得，谁能识其全"。山水间架天赐，人文玉成得厚。

二、生生不息

郡城以斥卤苦于无水，唐李泌引湖入城，为六井，便民汲，吴越钱镠置撩湖兵千人专一开浚，投龙简。唐置祝圣放生池，禁采捕。钱镠治钱塘，白乐天筑堤捍湖东坡募民开湖复唐旧，唐筑白堤平衡浚泥，沟通孤山通东岸，至此有里湖、外湖层次。"疏水若为无尽，断处安桥，成断桥"。苏堤沟通南北"六桥横截天汉上，北山始与南屏通。忽惊二十五万丈，老蚌席卷苍烟空。"宋浚泥造苏堤沟通南北，划分西里外湖水空间，筑小瀛洲与三潭印月。山水天赐未尽人意，人与天调而后天下之美生。山抱湖而无

尽延伸，山重水复，长堤纵横湖划分，仙岛星点合自然，山中有岛、岛中有湖，复层结构，现代喷泥造太子湾当思今用。

三、化零为整

集零为整系统，钱塘十景、西湖十景、随遇因借，动人以情。尚有西湖十八景、西湖二十四景。

赞杭州风景园林

天目发脉走势东，来至武陵怀抱湖。南北高峰分南北，重湖叠巘目不穷。

钱堤石函并六井，防洪饮水为黎民。沧海消退留潟湖，武陵淡水长灌东。

钱塘西湖各十景，一面城受三面山。内山外山三座岛，天赐焉能为人全。

尊重山水真脉理，顺应地势人施工。天工何厚岂可夺，惟添人意化诗篇。

白堤横亘苏堤纵，仙岛散点得六远。天然肌理境心造，景以境出彰地缘。

宏中微观六合里，外师中得章从篇。才子佳人风韵事，卫国精忠肝胆涂。

巧于因借衍比兴，臆绝灵奇教人贤。千秋万代长积淀，园林圣地史无前。

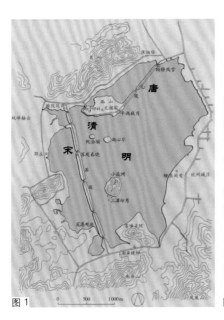

图1

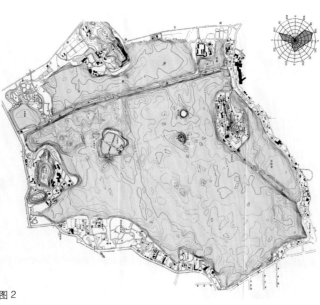

图2

图1　杭州西湖平面图
图2　西湖等深线图

数字难概名胜地，万法归一调天。重峦叠嶂环西湖，纵走横陈堤分湖。

三岛点缀出仙意，湖中有岛岛中湖。天赐丽质是本底，人文辅助成胜湖。

四、天生丽质，因人成胜的"西湖十景"

源出南宋画院西湖山水画题名，以诗问名，依诗画成景。西湖为心，缘湖佳境融入人文自成渔樵耕读、春夏秋冬之十景。苏堤纵贯南北，东远城而西近山。山水东西夹堤，自孤山西泠南望，由近至远，山重水复舒目莫穷。东得三潭印月精艺输巧之作，化控水深之三水位标尺为三石塔映水月。堤南延花港连通西里外湖，添牡丹亭、大草坪和观鱼池，按古题行新文，重启"花著鱼身鱼嘬花"之古意。苏堤疏杨公堤之上游水流，建六桥通湖水，安九亭各因其宜。植垂柳、碧桃之春景。以成苏堤春晓之景意。往时尚有土丘和名人墓地和通宵达旦之游。其西即以人文名胜境之双峰插云。

孤山乃北山独巘挺秀，环周皆湖而以北山为屏宸。西仗西泠桥，东延断桥而贯东西。山体量不大而位置居中峰之相。鉴于断桥春雪迟融化而借成断桥残雪之景。寒中增凄意。更有白蛇传神话之发挥，令人流连。以水月景而论，全湖皆可得，惟平湖秋月借"近水楼台先得月"之常情，前伸台入水，后座重檐而迎先月。灵隐东面山谷中在荷池岸上作酒坊，因荷香、酒香相融放香因成曲院风荷景。康熙题名改为曲院风荷才迁岳湖并扩建。

东岸垂柳林因风成柳浪，黄莺迎浪歌唱得柳浪闻莺景。小南湖南山为屏，山之北麓建净慈寺。鸣钟时因山屏反射响彻西湖，由是有南屏晚钟。因朝钟暮鼓之制，也称南屏晓钟。夕照山和丁家山都是山脉延湖边之半岛。夕照山有雷峰落照之夕佳景。这是吴越王妃建塔于夕照山峰顶。此塔内砖外木，火灾后砖塔老态龙钟，便有宝俶如淑女、雷峰如老衲之喻。加以白蛇传的渲染，自成名胜。

纵观西湖十景，以湖为心，举十为概。皆借天上之厚赐而辅以人文。我们尊重自然，但也不是自然的奴隶。自然绝不会给我们一个为人满意的风景名胜区。必在天人合一、物我交融的理念下，运用借景理法，迁想妙得才使自然风景化为风景名胜。随遇而安，借因成果而成为风景园林的地标（孙筱祥教授）。这是我辈一定要传承和发扬光大的。

（一）小瀛洲

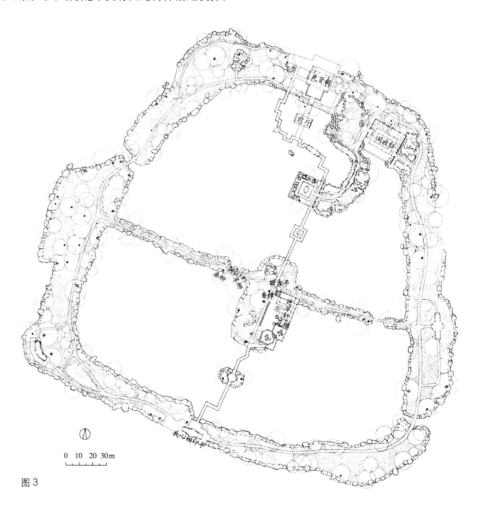

图3

0 10 20 30m

（二）苏堤、白堤

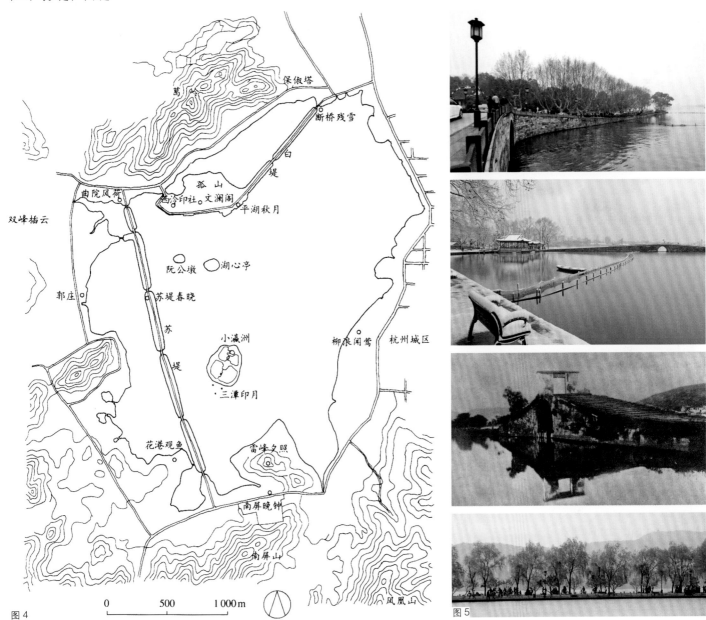

图4

0　　500　　1000m

图5

（三）文澜阁

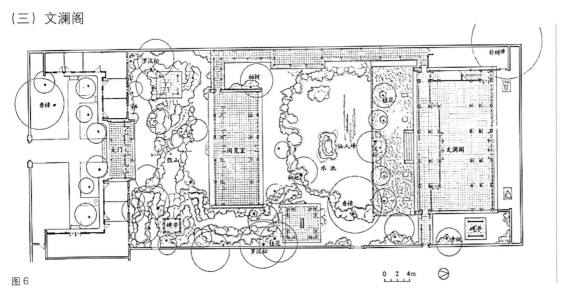

图6

图3　杭州西湖小瀛洲、三潭印
　　　月平面图
图4　苏堤、白堤平面图
图5　古今白堤实景照片
图6　杭州文澜阁庭园平面图

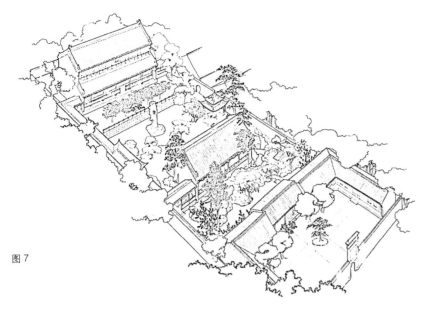

图7

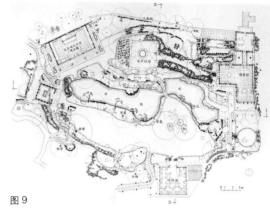

图9

图7　杭州文澜阁庭园鸟瞰图
图8　杭州西泠印社总平面图
　　　（来自同济大学测绘图）
图9　杭州西泠印社山顶部分平
　　　面图
图10　杭州西泠印社山顶部分北
　　　视剖面图（I-I）
图11　杭州西泠印社山顶部分北
　　　视剖面图（II-II）
图12　"涛声听东渐，印学话西
　　　泠"石刻图
图13　魂牵梦绕西泠园——西泠
　　　印社挚赞
图14　灵隐飞来峰景区平面示意
　　　图（改绘自《杭州西湖导
　　　游》，西湖书社）
图15　灵隐飞来峰景区细部照片
图16　岳王庙局部平面图（齐羚
　　　改绘自《岳飞庙景区导览
　　　图》）
图17　岳坟细部照片（孟彤摄）
图18　花港观鱼平面图（根据杭
　　　州园林设计院提供的底图
　　　整理）

（四）西泠印社

图10

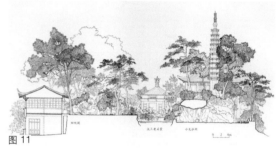

图11

图8

图12

（五）灵隐胜境

石灰岩山、地面上下水、飞来峰、冷泉、诸山脉宗天目，萃于钱塘而精萃于清凉无暑，"春淙如瀑雷"冷泉亭、壑雷亭、烟霞洞、大小象鼻峰、三涧春淙一灵鹫。

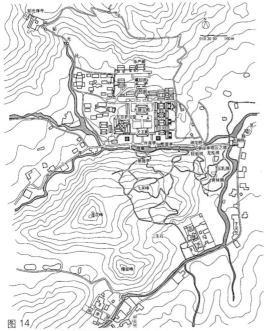

图 14

图 15

（六）岳坟

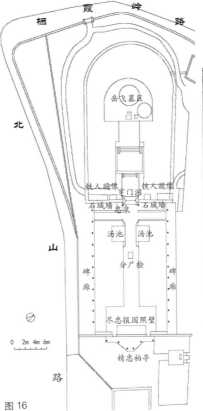

图 16

图 17

（七）花港观鱼

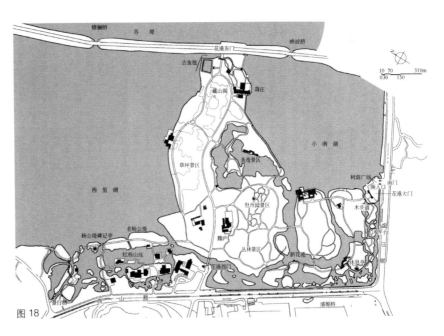

图 18

2015.5.14

contents

目 录

得天独厚　因人成胜——杭州西湖风景名胜区之大成（代序）

发展论坛

001　风景活跃在事业与学科集成中
张国强

003　妫水绕花洲，万方聚华台——2019年中国北京世界园艺博览会园区概念性规划设计
北京山水心源景观设计院／夏成钢　张英杰

011　深圳中华养生文化园概念规划设计
浙江树人大学艺术学院"胡霜霜工作室"／胡霜霜
五洋建设集团建筑设计院(景观规划)／程　瑞

风景名胜

017　西藏雅砻河风景名胜区总体规划
中国城市规划设计研究院风景院／邓武功　叶成康　宋　梁

026　遗产保护与风景区发展关系的思考——以须弥山石窟风景名胜区为例
中国城市建设研究院有限公司／王国玉　白伟岚

029　地域民族文化的保护与升华——新疆麻赫穆德·喀什噶里景区设计
新疆城乡规划设计研究院有限公司／王　策　赫春红

园林绿地系统

033　总体规划协同编制视角下绿地系统规划编研发展的思考
——基于《鞍山市生态园林城市建设规划》编制的实践
中国城市规划设计研究院风景所／吴　岩

039　秦岭国家植物园植物迁地保护区控制性详细规划
上海复旦规划建筑设计研究院

043　新疆玛纳斯国家湿地公园总体规划
中国城市规划设计研究院　风景园林和景观研究分院／丁　戎　白　杨

contents

049　昆明滇池西岸湿地公园修建性详细规划
中国美术学院风景建筑设计研究院郑捷所

公园花园

053　海珠区儿童公园设计
广州园林建筑规划设计院/钟文君　苟皓

057　老年人主题公园——万寿山公园改造设计实践
北京创新景观园林设计有限责任公司

061　九江县中华贤母园景观
宁波市风景园林设计研究院有限公司/潘　鸿

068　钦州白石湖公园景观设计
上海市园林设计院有限公司/李　锐

071　运用乡土元素塑造地域特色景观——北京雁栖湖生态发展示范区公园设计
北京市园林古建设计研究院有限公司/郭泉林

077　绿野隐于市——江苏大阳山国家森林公园植物园景区
苏州园林设计院有限公司/沈思娴

080　重建老城区居民滨河景观体系——北京东南二环护城河休闲公园景观设计
北京北林地景园林规划设计院有限责任公司

083　丰台王佐自行车公园低干预设计的思考
北京山水心源景观设计有限公司/王长宏

085　南京玄武湖公园东岸综合整治
南京市园林规划设计有限责任公司/李浩年　李　平

089　青岛市太平山中央公园景观改造规划设计
青岛园林规划设计研究院有限公司/李成基　刘海燕

景观环境

097　海东"黄河彩篮"菜篮子生产示范基地规划设计
北京清华同衡规划设计研究院有限公司/程兴勇　马　娱

contents

104　惠州市金山河小流域综合整治工程
深圳市北林苑景观及建筑规划设计院有限公司 / 何　昉

109　嘉祥县环境景观建设
济南园林集团景观设计有限公司 / 徐君健　题兆健　王　岩

115　北京市雁栖镇范各庄村"燕城古街"景观规划设计
北京市园林古建设计研究院有限公司 / 戴松青

120　梅州"桥溪古韵"规划札记
中国美术学院风景建筑设计研究院 / 刘　丰

125　珠海市斗门区光明村规划策略
深圳市景观及建筑规划设计院有限公司 / 李颖怡

129　南宁市邕宁区那蒙坡综合示范村规划
广西华威规划设计有限公司 / 蔡永铭

135　阿里巴巴淘宝城园区景观设计
杭州园林设计股份有限公司

风景园林工程

137　参数化设计在山地景观设计中的运用——以贵州石阡县五峰山山体公园为例
贵州省城乡规划设计研究院 / 詹　科　汤洛行

140　新材料新技术在现代产业园景观设计中的运用
杭州园林设计院股份有限公司 / 秦安华

143　建筑垃圾堆弃地在城市公园建设中的利用——以西安市红光公园为例
西安市古建园林设计研究院 / 李春华

146　玻璃石在景观设计中的应用——以正弘中央公园为例
笛东规划设计（北京）股份有限公司 / 周梁俊

风景活跃在事业与学科集成中

张国强

在社会快速转型、经济高速发展、城市化急速推进中，风景园林也面临着前所未有的发展机遇和挑战，众多的物质和精神矛盾，丰富的规划与设计论题正在召唤着我们去研究论述。

人生在世的天然本能要求身体各器官的生理功能健康，需要有空气、水、食物等物质保障；同时，也要求自己的头脑对周围事物有顺畅的感知能力和心理反应，伴随着思想、情感等内心活动而渐入精神需求；进而，人群社会中的伦理、道德等共同需求，则促进人与天地间要有和谐优美的生存环境。风景园林正是为满足人们的生理、心理、社会三类需求而成长起来的公共事业和综合性学科。

远在农耕和聚落形成的古代，便产生了天地水生祖神祭祀、五山十山好山、名山大川等事物；随着农业和都邑形成，又产生了圃、囿、台、沼、苑、园和邑郊游乐地；伴随秦汉中央一统国家确立，山水名胜、宫苑园林、城宅路堤植树等三系已现雏形；随后，又经魏晋人文风尚与快速发展，隋唐宋的造极与全面发展，元明清的多元与深化发展等历程，发展到当代的系统集成，风景园林则是兼融着风景、园林、绿地等三系特征的公共事业。其中：

一是风景的宏观优势与长效特征十分突出。孔子首创"智水仁山"论；《石鼓文》记载了"为所游优"而建的"古秦千水之時囿风光"，公元3世纪初，出现了周凯的"风景不殊"和羊祜的"每风景必造岘山"等话语。此后，从广阔的天地水生、万物景象，到近旁的视听动静、心理联想，还有数千年的季相盛衰、昼夜晨昏变化，风景的真善美特征，总在陶冶、启迪着人们的生活热情和信心。

二是园林的核心价值与大众魅力深入人心。公元1世纪初，班彪在《游居赋》中有"瞻淇澳之园林"语句，这是当前所见最早的"园林"一词。逐渐走向成熟的园林，内含着圃囿台沼、宫苑宅园等各种游赏审美特征，既精美又综合的园林艺术价值与魅力，历来是知识界所欣赏、研究、推崇的对象，更是服务社会大众、男女老少所不可缺少的情趣乐园。对损伤迁毁园林的人与事，向来被社会口诛笔

伐。1980年代，强力集团策划搬迁北京动物园事件即是例证之一。

三是绿地的中观难题与基础功效随科技而变化。砍树与植树这对矛盾，在公元前11世纪的《诗经》中就有记述。"城宅路堤植树"在公元前716年《管子》中又有论述。公元10年又以《周官》税民，对"城郭中宅不树艺者"又有赋税规定，由此可知，当代的"四旁绿化"在古代已成制度。随着人口增加，人地矛盾剧变并集聚在城镇，中观的城镇绿化功效与调控难题，将随着社会变化和科技发展而有无尽的演绎。

当我们有条件关注大地和环视国土时，风景胜地的自然面貌首先吸引着我们。这里有人生所必需的清新的水、气、食物及其田园风光，有人类可以感受到的各类名物胜景，有丰富的天、地、水、生、人五大资源，有地球冷暖变化所带来的江河湖海变迁和天地生景变异，还有大量的文史哲等人文精神遗迹遗产，有些还是园史研究中常常苦于难觅的考古佐证物。这在名山圣地、岩画造像石窟、帝陵发掘与文物整修中更是屡见不鲜的，并对风景园林发展起着特有的导向作用。

进而，还可以看到众多历经千古考验的理、工、农等科技方法和重要成果。例如：灵渠、都江堰的水工成就，翠云廊汉柏石板路的历史成果，岩洞石窟、栈道驿道、长城风光等重大科技工程。

在风景、园林、绿地三系对比中，风景的坚韧源于亿万年的地质成因，定力来自自然和社会的千秋选择，因而其抗性最强，可以经受地球地质、天地人间灾害的考验，例如昆仑山、江河源、长江三峡、九曲黄河均有从神话传说到现代的文史经脉。风景能助你体验和辩证"生物进化论"与"生态退化论"的正负作用。风景还是"兼爱无遗"，"万物尊天而贵风雨"的宝库，能"扶持众物，使得生育而各终

其性命"的福地。当然，风景更是"人与天调"和谐优美的境界，"智水仁山"是"是君子必有游息之物"。正由于风景的优势与特征，当代，仅国务院批准的 225 处国家级风景名胜区已占国土总面积的 2.02‰，若加上省级、县级和其他重要风景名胜，其面积将会更加可观，这正是风景园林事业和学科系统集成的基石。

在风景、园林、绿地三系鼎立循环中，风景的成因要素宽广，其中的自然因素具有人工难以全控的自生恢复能力，风景的景物、景感、景因中的审美特征，可以适用于园林艺术、城乡绿地中，因而风景具有兼容性很强的发展活力。在社会实践中，景与园、景与绿地、景与城乡之间相互渗透，既有相反相成的对比组合，又能相辅相成和谐统一的例证十分常见。艺术创作过程中的"眼中之景、心中之景、手中之景"的意趣和魅力，也浸润着游人大众，并构成"美丽中国"的发展动因。

当然，风景这棵大树也特别招风，既能迎接中华复兴时代新风而展现繁荣新姿，更需要承受社会快速转型，经济高速发展，人文精神遭遇单纯经济观挑战，国内外法规治国理念交错矛盾，铁（路）公（路）基（础设施）、城市化、商业化的直接冲击等五类压力。这正说明，风景与其外联事物有着广泛而又密切的关系。风景名胜的健康发展，将涉及天、地、生等自然科学的基础，文、史、哲等人文精神的导向，理、工、农等工程技术的措施。需要统筹科学精神以及人文关爱、科技措施的有机融合，才能构成"异宜新优"的成果。风景将沿着中华文明五千年绵延不断的发展主路，作出新的贡献。

妫水绕花洲，万方聚华台

——2019 年中国北京世界园艺博览会园区概念性规划设计

北京山水心源景观设计院／夏成钢　张英杰

一、引言

2019 年 中 国 北 京 世 界 园 艺 博 览 会（International Horticultural Exhibition 2019, Beijing, China，以下简称：世园会）将于 2019 年在北京举办，这是继 1999 年中国昆明世界园艺博览会后，我国举办的第二次世界最高级别的 A1 类世界园艺博览会，也是继 2008 年奥运会和 2014 年亚太经济合作组织大会（APEC 会议）后，北京迎来的又一次世界级盛会。

2014 年 4 月，北京世界园艺博览会事务协调局组织开展了概念性规划设计方案征集。由北京山水心源景观设计院、中国建筑设计院、北京中国风景园林规划设计研究中心组成的联合体提交了 B03 号方案。在与来自多个国家和地区的 9 家应征联合体的方案展开激烈角逐后，最终成为本次征集的优胜应征规划设计方案。

世园会选址于北京市延庆西南部，紧邻八达岭长城，故又称"长城脚下的世园会"。规划总面积 960hm²，其中围栏区 503hm²（含核心区 160hm²）、非围栏区 457hm²，是有史以来展览面积最大的一届 A1 类世园会。

规划提出：扩大研究范围，打通世园会与北部古城区的空间联系；从园区东、南两个方向与新城各城市组团相贯通，将绿廊深入相邻城市组团；加强妫水河与北部三里河景观带的联系；以世园会为引擎，连通延庆新城公园环系统，提升城市空间品质。

二、规划难点

（一）如何打造一届有中国特色的世园会

纵观近 10 年来中国举办的一系列国际盛会，如 2008 年北京奥运会、2010 年上海世博会、2014 年北京 APEC 会议，无一例外通过国际盛会向世界展示中国精神，展现中国博大精深的文化底蕴。尤其是 2014 年北京 APEC 会议，从园区规划、建筑设计到舞台设计、服饰设计等全方位展示了中国传统文化魅力。至 2019 年，成为世界最大经济体，迎来一个崭新的时期，如何向世界展示中国新时代的精神，是本方案需要重点考虑的。

（二）如何体现地域特色，打造一届"看得见山水、历史和乡愁"的世园会

延庆地处北京西北地区的延怀盆地，拥有大山、大水、大尺度林带的景观特色。如何将园区景观结构、种植规划、展园布设与延庆的景观风貌融为一体，是规划设计的重点。

除了具有优越的自然条件外，延庆还具有深厚

图 1　扩大基址研究范围，打通新城公园环

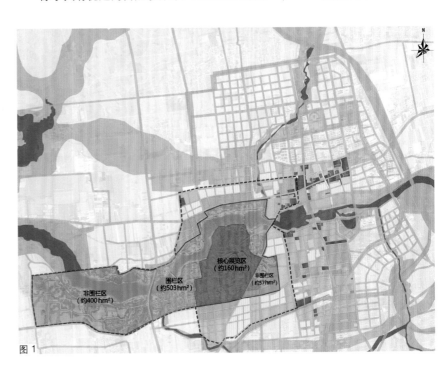

图 1

图 2 延庆"三山环绕、一水中流"的空间特征
图 3 现状优越的自然条件
图 4 长城、烽火台及军事聚落分布示意
图 5 方案概念演绎
图 6 "绿洲展厅"模式图

的文化底蕴。长城是延庆，乃至北京特有的文化景观，是中华文化的重要组成部分，从某种意义上讲，长城就是中华民族的精神象征。本届世园会位于长城脚下，如何紧扣这一特殊地理环境，使其成为一届名副其实的"长城脚下的世园会"，是本方案的突破点之一。

（三）如何平衡世园会建设与场地保护之间的矛盾

延庆区位于北京的上风上水位置，对保障首都生态安全具有重要作用。延庆区全境为水资源保护区，流经延庆新城和世园会址的妫水河通往官厅水库，是北京的备用饮用水水源地。因此，世园会会址对生态环境保护的要求极高，如何在满足办会需求的同时，最大程度地保护现状生态环境，将是本方案面临的重要挑战。

（四）如何将村庄体系整治与世园会建设有机结合起来

本届世园会最大特点是园区内有 4 座村庄需要保留，这在国内举办的历届园博会中实属罕见。如何将世园会建设与美丽乡村建设紧密结合起来，通过园艺及相关产业的发展带动园区村庄建设，促进当地农民增收，探索出一条具有延庆地域特色的乡村发展之路，是本方案重点研究的课题。

（五）如何创造一届具有美好观展体验的世园会

本届世园会历时 162 天，预期官方参展单位（包括国家和国际组织）不少于 100 个，其他参展单位（国内省市区和国内外企业）不少于 100 个，国内外参观者不少于 1600 万人次。面对如此巨大的游人量，规划如何从总体结构、展园排布、展馆设计、游线组织、智慧世园等方面为游客创造安全、舒适、轻松、愉悦的观展体验，在本方案中需着重考虑。

（六）如何通过世园会建设带动延庆新城的发展

世园会选址紧邻延庆新城，会后功能定位为服务于群众旅游休闲和日常游憩的大型生态绿地公园，也是与区域城市功能有机结合的园艺产业综合发展区。如何在满足世园会办会期间功能的前提下，充分考虑城市长远发展的需要，是本次规划设计要解决的重点问题。

三、方案特色

（一）展现中国特色的主题立意

规划从地域自然和人文特色出发，结合世园会"大园艺"主题，提炼出方案的主题立意，以突出地域特色，展示中国精神。

延庆"三面环山、一水中流"，是典型的山间盆地绿洲，世代人"择水而居"，使这片绿洲呈现一派"渠网密布，阡陌纵横"的屯田景象，体现出人与自然和谐共荣的中华精神。方案提炼出"洲"的概念，以"溪—田—林"围合的空间作为场地形态意向，来表达对这片土地的尊敬。

从地理环境上看，延庆地势"南抱居庸列翠，

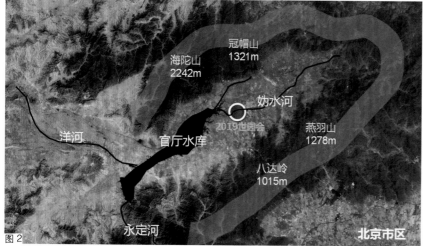

图 2

图 3

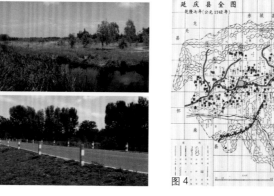

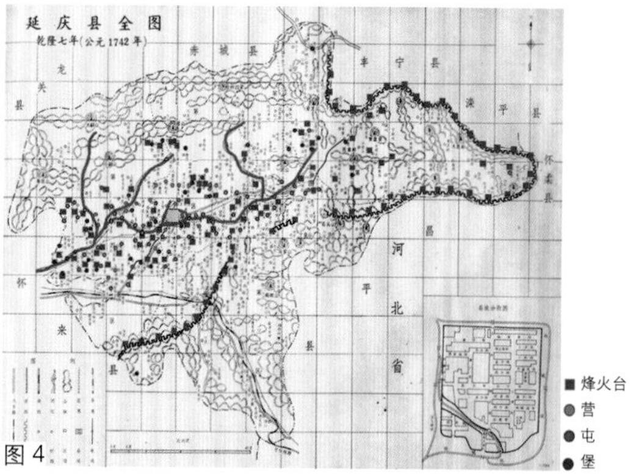

图 4

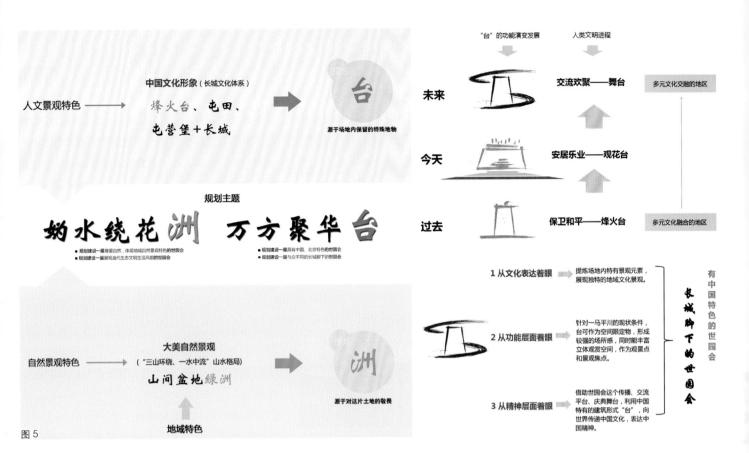

"台"的功能演变发展　　人类文明进程

未来　　交流欢聚——舞台　　多元文化交融的地区

今天　　安居乐业——观花台

过去　　保卫和平——烽火台　　多元文化融合的地区

人文景观特色 →　中国文化形象（长城文化体系）　烽火台、屯田、屯营堡＋长城 ⇒ 台　源于场地内保留的特殊地物

规划主题

妫水绕花洲　万方聚华台

■ 规划建设一届尊重自然，体现地域自然景观特色的世园会
■ 规划建设一届展现当代生态文明生活风貌的世园会

■ 规划建设一届具有中国、北京特色的世园会
■ 规划建设一届与众不同的长城脚下的世园会

自然景观特色 →　大美自然景观（"三山环绕、一水中流"山水格局）　山间盆地绿洲 ⇒ 洲　源于对这片土地的敬畏

↑ 地域特色

1 从文化表达着眼 → 提炼场地内特有景观元素，展现独特的地域文化景观。

2 从功能层面着眼 → 针对一马平川的现状条件，台可作为空间限定物，形成较强的场所感，同时能丰富立体观赏空间，作为观景点和景观焦点。

3 从精神层面着眼 → 借助世园会这个传播、交流平台、庆典舞台，利用中国特有的建筑形式"台"，向世界传递中国文化，表达中国精神。

有中国特色的世园会 长城脚下的世园会

图5

北距龙门天险"，为京师畿辅屏障，明朝在此修筑长城的同时，修筑了烽火台及屯、堡、营等军事聚落。烽火台又名烽燧、烟墩，历史上这里曾有两次筑台高峰，数量多达226座，场地现存的烽火台是历史的记录，也是区域独特的人文景观。规划紧扣"长城脚下的世园会"的主题，提炼"台"作为全园文化标志，与长城本体一起共同展示中华民族的伟大成就，向世界传达中国文化形象。

在这一片"洲—台"之间，历史上曾经上演过无数次文明的碰撞、交融与共处的精彩大戏，而今又将成为全球化时代国际文化交流的舞台，展示中国梦的平台，汇集四面八方奇花异卉的观景台。因此，方案主题立意为：妫水绕花洲，万方聚华台。

（二）彰显本土特征的空间布局

1. 营造林环水绕的"绿洲展厅"

利用现状自然条件，形成由"溪—田—林"穿插渗透的大尺度林带，围合出9个"绿洲"组团，形成"绿洲展厅"的展园空间形态，使现状一马平川的场地形成空间感和场所感，同时也与延庆大山、大水、大尺度林带的景观特色融为一体。

"绿洲展厅"为游客创造宜人观赏尺度的同时，还体现出强烈的地域特色。世园会所在地延庆作为北京边关，在修筑长城、烽火台的同时，营建了屯、堡、营等军事聚落，这些带有军事防御功能的村庄

位于长城脚下，散布于田园之间，与长城遥相呼应。士兵们战时御敌，闲时耕作，体现出长城脚下的生活场景。绿洲展厅犹如散落在田间星罗棋布的军屯，它们组团式布置在园区中，为游客创造了"放松回家的感觉"，这正是这块地域特有生活模式的再现，更是延庆独特地域文化的重塑。

2. 构筑万方汇聚的"台"景体系

国内举办的历届园博会无一例外都采用了"塔式"标志性构筑物作为全园的景观标志，致使各届

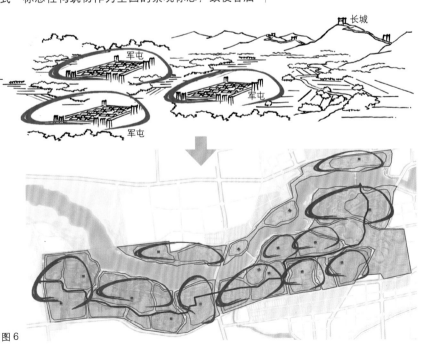

图6

展会的标志性景观千篇一律。本届世园会摒弃以往"塔式"标志性景观做法,采用"化整为零"的手法,构筑全园景观标志。

规划以场地内现存国家级文物"烽火台"为原型,构筑场地的景观标志,既与南部长城相联系,也与中国传统园林中的"台"相呼应,从而引

申发展出4种形象系列:第一级"台"是位于各展园一级服务区核心景观标志,18座台对应北京西北门户1000m以上的18座山峰,18座台形制统一、功能相近。会展期间,台为游客提供了立体观赏体验,游客可登至台顶俯瞰展园;夜晚作为观星台,游客可登至台顶通过天文仪器观测星象。会后这些"台"将作为小型展览馆,展示历届世园文化和中国园艺文化等。第二级"台"是核心区主场馆建筑群,建筑群整体是"台"的抽象与变形。第三级"台"是世园村内公共空间的景观标志,既有服务功能,又有结合园区古迹保护的文化展示功能。第四级"台"是散布在园内重要景观节点的观景台和立体花台等。

"台"是控制全园的重要景观要素,它使集锦式展园统一、有序。"台"又与场地南边的长城视线上互为因借,功能上融为一体,从而形成本届世园会"看得见山水、历史和乡愁"的特色空间氛围。

3.融入自然的景观结构

规划采用"留田、引水、营林"的手法,呈现"妫水绕花洲"的空间形态,通过"借山、疏村、筑台"的手法,形成"万方聚华台"的空间文化意味。通过借景海坨山,引入妫河水,营造绿洲展厅,构筑全园"台"景体系,形成"两轴、两带、九区、十八台"的全园景观结构。

留田:保留现状农田肌理,将农田变花田,做到对场地的最小干预。

引水:引妫河水入园,成为核心区重要景观要素,形成水意盎然的世园会。

营林:保育现状林地,构建生态林网,形成全园绿色基底。

筑台:构筑"台"景体系,形成全园整体景观标志。

借山:借景海坨山、冠帽山,形成全园两条轴线,在轴线的中心布置主要展馆。

疏村:梳理园区内村庄的空间结构,展示地域文化特色和园艺特色。

(三)创造独特难忘的观展体验

1.望山连水的世园轴

本次世园会选址紧邻官厅水库,所在区域为北京市生态涵养重地,依据《北京市限建区规划》和官厅水库相关行政主管部门对该区域的城市建设控制要求,园区共划定了五个建设限制分区。规划将园区的两条轴线安排在建设限制Ⅴ区,即可建设永久性建筑区域。

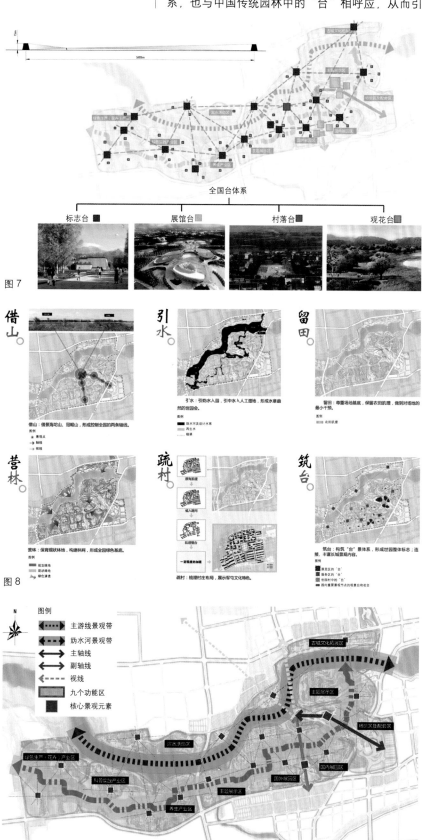

图7

图8

图9

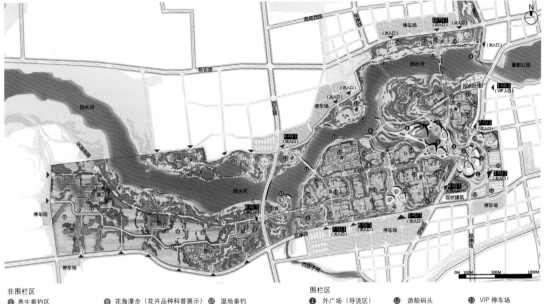

图 7　全园"台"景体系
图 8　围栏区 6 种设计手法
图 9　全园景观结构
图 10　全园总体布局
图 11　展馆区二层平台将各展
　　　馆联系在一起
图 12　贯穿全园东西向的世园
　　　体验带

非围栏区
① 养生垂钓区
② 美食养生园（舌尖园艺）
③ 大路村（一级服务区）
④ 生态养生民俗园
⑤ 峰类产业园
⑥ 园艺疗法园
⑦ 大丰营村（一级服务区）
⑧ 生态科普展示区（开心农场）
⑨ 花海漫步（花卉品种科普展示）
⑩ 湿地生态系统科普展示区
⑪ 主游线景观带
⑫ 一级服务区（台）
⑬ 野外露营区
⑭ 夏令营科普园区
⑮ 无公害花卉食用基地
⑯ 花卉种球基地
⑰ 湿地垂钓
⑱ 滨水步道
⑲ 游船码头
⑳ 水上活动体验区
㉑ 湿地活动区（渔舟唱晚）
㉒ 主题活动广场
㉓ 烽火台遗址

围栏区
① 外广场（导流区）
② 入口安检区
③ 集散广场
④ 花岛
⑤ 水系
⑥ 中国国家馆
⑦ 主场馆区
⑧ 亲水平台
⑨ 观景平台
⑩ 世园村
⑪ 车行桥
⑫ 游船码头
⑬ 一级服务区（台）
⑭ 烽火台遗址
⑮ 主题馆
⑯ 主题园区
⑰ 国外展园区
⑱ 国内展园区
⑲ 林荫公园
⑳ 湿地景观区
㉑ 舟桥
㉒ 主游线景观带
㉓ VIP 停车场
㉔ 人工湿地
㉕ 古城观影区
㉖ 古迹文化展示区
㉗ 湖心观鱼
㉘ 指挥中心
㉙ 世园酒店
㉚ 专线公交停车场
㉛ 摆渡车停车场
㉜ 媒体、保障车停车场

图 10

核心区主轴线是一条垂直于延康路，朝向海坨山，通向妫水河的世园大道，轴线端点位于延康路东侧非围栏区。规划利用现状林地，设置多条林下栈道，游客可沿林下栈道进入安检区。轴线中心为展馆区，各展馆围绕中心湖面展开，形成一幅动态画卷。各展馆通过二层空间的公共平台相联系，平台层设计了立体观展体验。此外展馆区还作为水上巡演的终点，平台层为游客提供高空俯瞰水上花艺的视觉体验。次轴线垂直于百康路，轴线终点与主轴线终端交会于妫水河畔，两轴的交会点是观海坨山和冠帽山的最佳观赏点，在此设置滨水平台伸入水中，游客驻足于此，犹如置身在一幅山水画卷的中心，远山近水尽收眼底。

2. 保留田埂肌理的世园体验带

园区中部的南北向西玉路将围栏区和非围栏区分隔成两个相对独立的园区。规划利用现状田埂肌理和防风林带，构筑一条贯穿全园东西向的世园体验带，将围栏区和非围栏区紧密地联系起来，缓解展会期间游客高峰值时围栏区的承载压力。世园体验带结合现状景观特色，从东至西依次规划为林荫景观段、湖沼水景段、田园花海段。

世园体验带将各展园有机地串联起来，14 个一级服务区通过引导区与世园体验带相联系，游客通过世园体验带上的引导区进入展园一级服务区，再由一级服务区进入各单位展园观展。

图 11

图 12

3.特色鲜明的展园布设方式

(1) 以"台"为核心的展园结构

单位展园均围绕一级服务区呈放射状布置，服务区以景观标志——"台"为核心，台作为高起的标志性景观，使集锦式单位展园统一、有序。

(2) "一心多环"的游览方式

展园游览路线沿田埂肌理布设，以一级服务区为中心放射出若干园路进入单位展园，游客游完一个组团展园后回到服务区休息，再步入下一个组团展园。这种方式打破了以往一条园路贯穿展园始终的做法，大大降低了游客的疲劳感，使游客能充分领略园艺的精髓。

(3) 对现状农田最小干预的展园排布

园区土地使用现状以农业用地为主，农田约占全园陆地面积的70%，规划充分尊重场地现有景观特质，局部将农田变花田。展位按3种面积单元布设，3000m²、2000m²、1000m²的展位按1：2：7的比例，围绕一级服务区呈同心圆式排布。这种展位面积分配比例，既满足招商招展面积需求，同时也最大程度地保护了现状农田。展会结束后，3000m²的展园予以保留，2000m²和1000m²的展园将拆除，还原为农田风貌，作为公园发展备用地。

(4) 绿洲展厅的围合空间

展园外围以"溪—田—林"组成的大尺度林带环绕，在为游客创造空间感的同时，突出"绿洲"的景观特色。组团外围保留现状农田肌理和视线开阔感，使展园内外形成疏—密、热烈—放松的对比体验。

4.采用命题式邀展方式

以往国内举办的A2+B1级世界园艺博览会的展示内容大多以园林为主，忽视对园艺的展示，展示主题五花八门，营建水平良莠不齐。本届世园会与其不同，规划贯彻展会"让园艺融入自然，让自然感动心灵"的理念，提出采用命题式邀展方式，划分四大主题板块，参展方可挑选任意板块布置展园，避免以往园林化过度建设及参展方无主题式肆意发挥。通过特色邀展，引领人们回归自然、追溯源于自然的园艺本源。

5.打造别具一格的水上世园体验

本届世园会选址在妫水河两岸，现状妫水河景致极佳，规划充分利用妫水河打造展会时的水上花街，给游客创造独特的赏花、购花体验；结合园区景观节点在妫水河两岸局部地段设置码头，开辟水上游线。水上交通工具采用花船的形式，游客可乘坐花船沿途游览园区美景。

现状园区被妫水河分离为南北两块用地。为解决展会时南北两岸的交通问题，规划提出构筑一座舟桥，会时用以承接北岸人流，会后予以拆除，做

会前、会中、会后分析

会前

会中

会后

国内展园区

特色分析

一心多环　　　花洲　　　　农田肌理　　　展园按7：2：1比例排布　　游览组织方式分析　　道路交通组织分析　　公共空间分析　　会后平面

图13

到对妫水河的最小干扰。舟桥打散后作为游船继续使用，成为世园会的永久记忆。

规划提出开辟一条长约1km的水上花船巡演游线，将妫水河与核心区主湖面连接起来，水上巡演终点即位于主湖面，由展馆区围合而成的欢乐鲜花港湾。游客可登至二层平台全方位地观赏花船巡演。

图 14

图 15

（四）强化首都"生态涵养重地"保护，整合绿色资源

1. 尊重现状基底，生态干扰最小化

对园区地形地貌、植被、水资源等要素进行生态承载力评价，在生态承载力评价的基础上进行规划设计。充分利用现状水系、植被、道路以及农田和灌渠肌理，转化为世园会景观要素，尽可能减少园区规划设计对自然的负影响。

2. 梳理现状水系，提升区域水环境承载力

对场地内现状鱼塘、灌渠进行梳理，形成雨洪蓄滞区。适当连通现状水系，修复生态水环境。园区主水系有两条，一条将妫水河引入围栏区中部，形成水系绕世园的景观特色；一条将围栏区东侧污水处理厂排放的再生水，通过暗涵引入围栏区南侧，通过人工湿地等生态处理方式，展示生态水处理工艺，还清后汇入西拨子河。规划将再生水与河道清洁水源分质利用，保障了园区用水安全。

3. 对现状生态基底进行保育提升

（1）构筑区域生态廊道网络

将妫水河与野鸭湖、官厅水库等生态斑块连接，形成网络化生态廊道。将园区农田林网、道路绿化等与河流廊道相贯通，连接各潜在生物栖息地，形成次级的生态廊道网络。营造园区湿地生境、林地生境、灌丛生境和农田生境等多种生态环境。增强园区与外围区域生态系统的自维持能力，使其能够持久发挥景观效益和生态效益。

（2）建设滨水生态廊道

现状妫水河两岸滩涂湿地及滨河林地宽度在80～100m，可满足小型野生动物迁徙栖息，同时能够较好地控制沉积物及土壤元素流失。规划提出在保护现状滨水廊道的基础上进行景观提升，水岸两侧陡坡驳岸增加护坡植物，如黄花柳、紫穗槐、野蔷薇、地锦等，水岸交界处种植芦苇、茭白、野慈姑、荇菜、水葱等，达到吸附污泥及化学污染物等作用。对滨水外侧现状林带部分郁闭度过高、林相单调、空间层次不丰富的区域，适当进行疏伐，增加灌草层植被，种植高固氮植物，如白三叶、紫花苜蓿等。

（3）保护鸟类栖息地

通过地形设计，在湿地区域设置若干生态岛屿和滩涂，利于鸟类栖息觅食。对现状密林进行适当疏伐，增加林间空地，空地宽度应保证鸟类起飞的宽度，空地中增加鸟食及蜜源植物。

（4）提升现状纯林

在保留现状纯林基础上，增加观赏效果好的秋色叶树种及乡土地被，如白蜡、五角枫、白桦、蒙古栎、茶条槭、黄栌、山杏、花楸、天目琼花、卫矛等，将生产林变为生态景观林。

（5）增加水生植物

选择耐污性和适应能力强的植物，配置方式上选择沉水植物群落—漂浮植物群落—挺水植物群落—湿生植物群落—耐水湿乔灌木＋地被花草群落的模式。可选用的水生植物有柳树、黄花柳、委陵菜属、水蓼、藕、香蒲、芦苇、睡莲、紫萍、金鱼藻等。

（6）充分利用现状农田

将非围栏区农田种植与产业紧密结合，以观赏植物、经济作物为主，从延庆海坨山上引种金莲花、万寿菊、黄芩等，既能产生经济效益，又能形成大尺度的农田景观，与围栏区的中小尺度园艺展示形成强烈对比。

（7）形成"林网、亮线、花心"的展园种植特色

保留、提升现状生态林网，在展园外围形成10～30m宽的林带，既作为动物迁徙廊道，又是各展区的分隔带，为各展园提供绿色背景。在世园体验带及两条轴线上，栽植不同层次的花灌木，形成贯穿全园的靓丽引导线。在各展园内，围绕一级

图 16

图 17

服务区的"台"种植绚丽的地被植物,形成视觉焦点,突出可识别性。

(五)寻找一条新农村建设的特色之路

规划结合国家新农村建设和美丽乡村建设,对园区内村庄整治提出"定性指导、因地制宜、分类实施"的原则,对村庄进行特色化定位,提出差异化发展思路。研究发现,园区内谷家营村、大丰营村、小大丰营村是延庆特有的军屯文化产物,这些军屯与长城、烽火台、屯田、山川共同形成了延庆独特的地域文化。规划通过修复村庄原有的军事里坊制空间肌理,形成既有文化底蕴,又满足功能需求的村庄改造模式,为延庆类似村庄改造提升提供示范。

此外,结合世园会的园艺主题,将非围栏区的大路村建设成为舌尖上的园艺村,通过非围栏区的园艺产业带动村庄的发展,促进当地农民增收,提升农民的幸福指数,使园区村庄建设成为诠释本届世园会"绿色生活、美丽家园"主题的点睛之笔。

规划在深入挖掘地域村庄文化特色的基础上,结合乡村园艺产业的发展,提炼出军屯文化村、舌尖上的园艺村等特色化村庄发展模式,将成为本届世园会的一大特色。

图 16　围栏区谷家营村——军屯文化村
图 17　非围栏区大路村——舌尖上的园艺村

(六)构建完整的长城文化游体系

烽火台及屯、堡、营等军事聚落是长城防御系统不可或缺的重要部分。然而随着时代的变迁,军屯之风貌已荡然无存,烽火台也已所剩无几。作为这片土地独特的人文景观,它们应受到尊重和保护。规划提出在保护现存"谷家营烽火台"和"大丰营烽火台"的基础上,以此为原型,构筑18座"台"作为全园景观标志,它们是"烽火台"精神的延续,是长城文化的传承,是"长城脚下世园会"的最佳诠释。

规划通过构筑全园"台"景体系,打造军屯文化村体系,与八达岭长城一起,共同构成完整的"长城文化游"体系。规划进一步提出"登一天长城,住一晚军屯;游一天世园,品一顿花宴"的旅游口号,将世园游与长城游紧密地连接起来,打造长城游的新游线,留住长城—十三陵线的游客,带动延庆旅游休闲产业的发展。

(七)延续"绿色生活、美丽家园"主题的会后利用策略

世园会的一个最重要的意义在于推动园艺及相关产业的发展。在会后利用方面,规划提出园区发展形成两类产业、四类功能、五大板块的发展构想,利用世园会品牌影响力,大力发展园艺及相关产业,倡导绿色产业模式。将世园会精神融入延庆村庄和城镇建设之中,逐步将延庆建设成为园艺之城,世界园艺之都。

四、结语

作为展现21世纪人类生态文明价值追求与建设成就的国际窗口,方案在充分尊重场地现状条件的基础上,最大程度地将现状要素转化为世园景观要素,从园区总体结构到空间节点等均体现出"和谐共生"的生态文明价值理念。在展现"大园艺"文化主题的同时,深入挖掘延庆独特的地域文化,使本届世园会成为具有特殊空间文化底蕴和地域风貌特征的世园会,进而成为一届特色鲜明的世园会。

项目组成员名单
项目负责人:端木岐　张　鹏
项目参加人:夏成钢　李存东　丘　荣　史丽秀
　　　　　　张英杰　殷柏慧　李　毅　赵文斌
　　　　　　黎　靓　杨一帆　康晓旭
项目演讲人:张英杰

深圳中华养生文化园概念规划设计

浙江树人大学艺术学院"胡霜霜工作室"／胡霜霜
五洋建设集团建筑设计院（景观规划）／程　瑞

一、项目背景

（一）区域概况

本项目规划用地面积792亩（52.8hm²），位于深圳罗湖区西南面，东有深圳水库与仙湖植物园，西邻相思林公园和白芒岭，南与深圳国际展览中心毗连，北接清平高速。地块周围环境清雅、依山畔水、植被丰富、交通便捷，是深圳经济特区自然环境清幽、游憩养生的时尚新地标。

（二）养生文化园定义

深圳中华养生文化园完整、系统、全面地展示了中国养生文化，集人文旅游基地、养生文化研究交流基地、中西医养生疗养基地、养生养老文化与教育基地于一体。整合了所有养生养老相关的衍生产业，并创建了一个配套齐全、服务全面、环境优美的养生养老基地。项目将打造富有特色的中国养生文化基地，提供全方位生活服务配套的老年社区、国家养老示范基地、智能化健康管理中心、配套全面的医疗康复中心。

二、设计构思

（一）调研分析

为了让更多的投资主体进入养老服务领域，以便让更多有需要的老年人能够入住社会福利机构。项目结合调研分析，提出完善深圳养老保障制度的对策和建议：第一，开放养老机构的领域；第二，促进养老机构多元投资主体的进入和形成；第三，实施经费补贴措施。

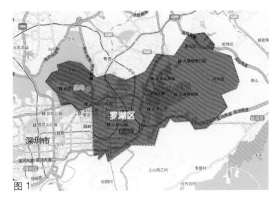

图1

图2

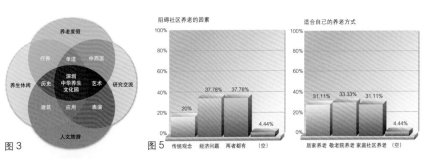

图3

图5

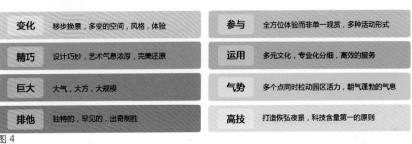

图4

图1　项目区位
图2　项目周围环境
图3　文化结构分析
图4　文化愿景
图5　养老方式调研分析

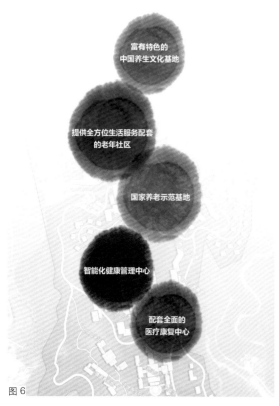

图 6

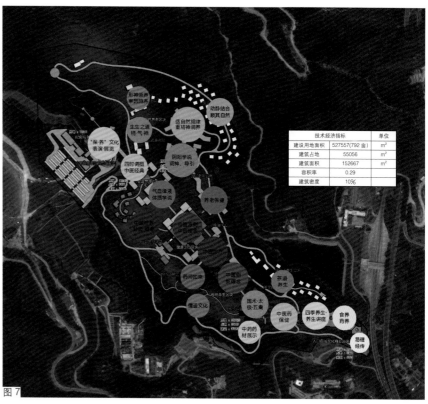

图 7

技术经济指标		单位
建设用地面积	527557(792亩)	m²
建筑占地	55056	m²
建筑面积	152667	m²
容积率	0.29	
建筑密度	10%	

（二）设计目标

主要概括为五大功能目标：富有特色的中国养生文化基地；提供全方位生活服务配套的老年社区；国家养老示范基地；智能化健康管理中心；配套全面的医疗康复中心。

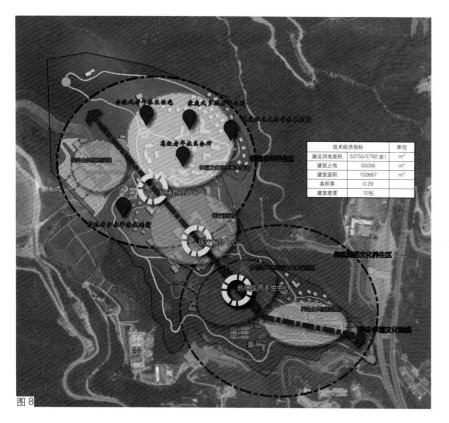

图 8

技术经济指标		单位
建设用地面积	527557(792亩)	m²
建筑占地	55056	m²
建筑面积	152667	m²
容积率	0.29	
建筑密度	10%	

（三）理念构思

养生文化对中国园林有着深远的影响，所谓"天人合一"就是从太极演变而来的追求园林返璞归真的境界。而西方文化的传入又带来了养生文化的新境界。此次设计结合两者文化，依山而设，建筑星罗棋布，景观统揽全局，各类公共艺术穿插其中；植被松紧有序，有开阔燎原之势，亦有曲径通幽之感。

基于以上调研与分析，本次设计以"养生·养老·孝道"为核心立意。前期对三者进行深入研究，以中医药传统保健为主线，串联起三个区域划分，形成一轴、二区、三中心、四组团、五构架的设计布局。

三、区块分析与设计

（一）文化展示策略

文化展示策略见图 7。

（二）功能结构分析

分区块设置中医养生文化及养老保健知识，并利用多种方式展示功能结构分析：

一轴：一条养生孝道文化主轴。

二区：孝道老年养生区，传统中医文化养生区。

三中心：健康管理中心，医疗服务中心，传统医药养生中心。

四组团：孝道文化（老年）养生组团，医疗康复组团，儒释道传统医药文化养生组团，养老公共配套组团。

五构架：特殊看护老年养生别墅，家庭式独立老年养生住宅，家庭式多层老年公寓，合院式老年养生住宅，高级老年社区会所。

（三）交通分析

交通分析如图9所示。

（四）空间分析

设计在各栋楼内通过院墙、植物等形式围合入口空间，巧妙地运用各种元素将建筑掩映在山体之中。形成建筑与建筑之间的空间景观相互转换，从而取得步移景异、先抑后扬的空间序列。

（五）各功能分区客流导向及区域性质

各功能分区客流导向及区域性质见图11。

（六）植物种植规划

根据植物的种类种植与养生文化相关的植物品种，突出"休闲、度假、养生、养老、健康益寿一体化"的优良居住环境。

草·百卉也，以各种观赏草、经济牧草作为生态主题，烘托气氛，迎接宾主。

禾·嘉谷也，分区块种植，各种优良品种的粮食作为主题。

菜·草之可食者，分区块种植，以各种优良品种的蔬菜作为主题。

果·木实也，分区块种植，以各种优良品种的水果作为主题。

卉·草之总名也，此区域是乔灌草结合最丰富的区域，四季有花卉，以烘托现代养生。

木·冒地而生。从草，下像其根，此区域以乔木为主，搭配灌木，形成多层次的绿化空间。

林·平土有丛木曰林，此区域为景观林带，以生态群落式种植，配合缀花草地及灌木，形成美丽的疏林效果。

华·荣也，以各种果树，开花的乔木、小乔木，形成不同的群落，创造不同村落环境。

竹·冬生草也，象形，下垂者。此区为特色竹林，以各种竹子作为主题，形成相对私密的环境。

（七）分期开发策略

项目规划中充分考虑了开发的弹性，从整个项

目的区块和区块的性质来看，规划可实施性有两个特点：

（1）开发量的可控性。我们可以看到不同区块并不需要建成很大的规模就能产出。所以项目可以控制规模，使得投入和产出位于一个平衡状态。以不同区块的效益来确定最基本的开发量。

图6　五大功能目标
图7　文化展示策略
图8　功能结构分析
图9　交通分析
图10　空间分析

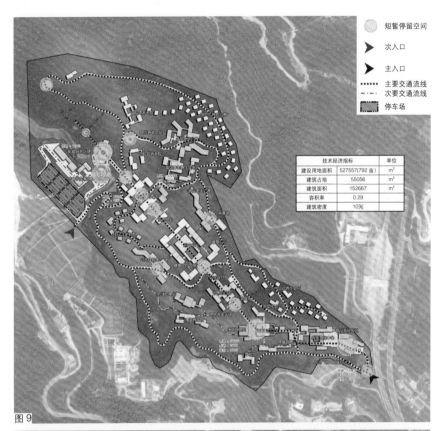

	短暂停留空间
>	次入口
▶	主入口
·····	主要交通流线
—·—·	次要交通流线
▨	停车场

技术经济指标		单位
建设用地面积	527557(792亩)	m²
建筑占地	55056	m²
建筑面积	152667	m²
容积率	0.29	
建筑密度	10%	

图9

技术经济指标		单位
建设用地面积	527557(792亩)	m²
建筑占地	55056	m²
建筑面积	152667	m²
容积率	0.29	
建筑密度	10%	

图10

✸ 广场空间　　❂ 景观·建筑间短暂停留空间　■ 建筑小庭院空间

	养生功能客流分析		度假养老功能客流分析		旅游休闲功能客流分析
	活动功能区域		活动功能区域		活动功能区域
	客流方向		客流方向		客流方向
	客流主要道路		客流主要道路		客流主要道路

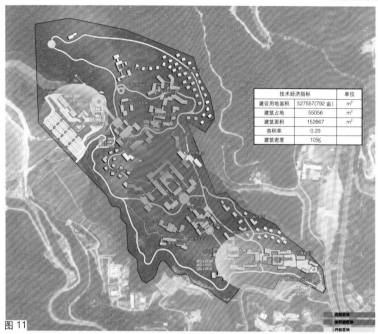

技术经济指标		单位
建设用地面积	527557(792亩)	m²
建筑占地	55056	m²
建筑面积	152667	m²
容积率	0.29	
建筑密度	10%	

图11

技术经济指标		单位
建设用地面积	527557(792亩)	m²
建筑占地	55056	m²
建筑面积	152667	m²
容积率	0.29	
建筑密度	10%	

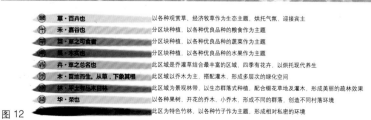

草·百卉也　以各种观赏草、经济牧草作为生态主题，烘托气氛，迎宾客主

禾·嘉谷也　分区块种植，以各种优良品种的粮食作为主题

菜·草之可食者　分区块种植，以各种优良品种的蔬菜作为主题

果·木实也　分区块种植，以各种优良品种的水果作为主题

卉·草之总名也　此区域为乔灌草结合最丰富的区域，配合缤纷花卉，以烘托现代养生

木·冒地而生，从草，下象其根　此区域以乔木为主，搭配灌木，形成多层次的绿化空间

林·平土有丛木曰林　此区域为景观林带，以生态群落式种植，配合缀细草地及灌木，形成美丽的疏林效果

华·荣也　以各种果树、开花的乔木、小乔木，形成不同的群落，创造不同村落环境

此区域为特色竹林，以各种竹子作为主题，形成相对私密的环境

图12

（2）开发角度的可控性。规划中充分考虑了与周边项目的对接。使得开发中可以结合并提升已有资源，或对已有资源进行有利的补充，从而带动周边项目的发展。

（八）灯光设计策略

（1）强化园区在环境中的区域特征，针对园区各部分特征制定照明策略。

（2）适度提高夜间公共开放区域光照度。

（3）通过照明强化园区与干道交接边界及园区入口，增强其夜间可识别性。

（4）分析夜间观园视线，对景观轴线上的系列景观节点给予重点照明，组织夜间景观节点视觉序列。对园区内易达、可见的景点作适当照明。

（5）保证功能性照明的合理与节能。制定园路照明灯具及光源参数标准，允许在一定限制内的灯具多样化，禁止采用特异灯具。

（6）考虑临时性照明需要（节日、庆典），规划设备的位置，避免临时性灯具影响景观。

（7）保护生态环境，避免盲目的景观过度照明。

（8）为重大节日庆典提供多样化夜间景观面貌。针对二者不同的出发点，提供节日、平日及夜间多种景观模式。

（9）商业街沿线作为夜间主要街道。

（10）核心区块的各个主要建筑物是夜景首要突出的对象。

（11）各种水体，特别是在主要景观轴线上的水体需做必要的处理。

（九）公共服务设施

公共服务设施设计见图15。

（十）环境策略

1. 绿化系统策略

（1）保护当地生态系统。场地属于农耕区，天然次生林比较少。所以我们在可能的范围内尽量保护并发展已有的生态系统，促进整个园区的生态和谐。

（2）建立一定的防护林体系，发展复合种植体系。

（3）考虑到园区的景观效果和实际种植情况，土地种植改良策略分成两个部分：

①客土栽培。在景区的重点区域种植大树，采用一定面积的客土栽培。

②原土栽培。在多数区域，尽量多选用当地树种。

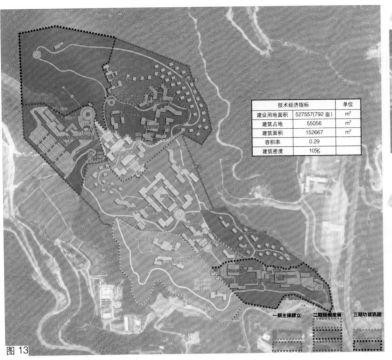

技术经济指标		单位
建设用地面积	527557(792 亩)	m²
建筑占地	55056	m²
建筑面积	152667	m²
容积率	0.29	
建筑密度	10%	

一期主体建立　二期规模发展　三期功能巩固

图 13

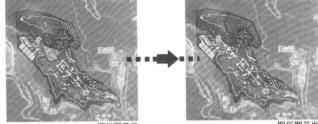

1.开发量的可控性

一期初期开发　　　　　　　一期后期开发

2.开发角度的可控性

初期开发创新热点带动整个片区　　初期开发充分对现有资源进行整合

2.水体系统策略

(1) 建立良好的给排水系统，发展多种不同的排水方式。

①给水。饮用水系统；雨水循环系统；半污水循环系统。

②排水：来自浴室、水槽的半污水送至污水处理厂。其他污水（如冲洗马桶）送至下水道，经处理后排出。

(2) 创建内部淡水水域，并以此创建园区内部的淡水循环系统。

(3) 合理利用外部水体来创造局部的水体景观。

(4) 展示水体形式的多样性，设计各种不同的亲水形式及互动和景观效果。

3.生态空间系统策略

(1) 以土方就地平衡为原则，尊重场地原有的平坦地势，局部挖湖堆山，尽量做到不多外进或外运土方，有效地控制和优化竖向景观，并结合周边不同的景观元素，构建自然的生态布局和空间变化。

(2) 平地生态布置。结合平面布局，在各个景区分别设置呈片状或带状分布的自然式生物群落。在高低起伏的地形衬托下，形成人与动植物具有高

图 11　各功能分区客流导向及区域性质
图 12　植物规划
图 13　分期开发策略
图 14　灯光设计策略
图 15　公共服务设施设计

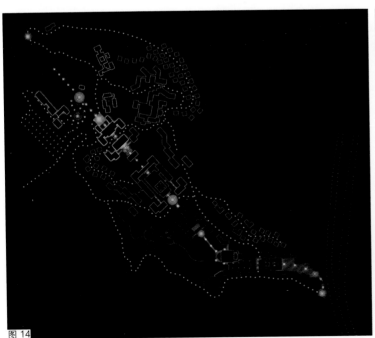

图 14

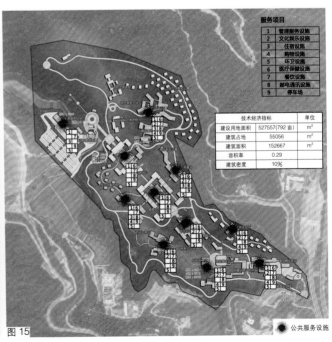

服务项目	
1	管理服务设施
2	文化娱乐设施
3	住宿设施
4	购物设施
5	环卫设施
6	医疗保健设施
7	餐饮设施
8	邮电通讯设施
9	停车场

技术经济指标		单位
建设用地面积	527557(792 亩)	m²
建筑占地	55056	m²
建筑面积	152667	m²
容积率	0.29	
建筑密度	10%	

图 15　　　　　　　　　　　　　　　　　　　公共服务设施

图 16 环境策略

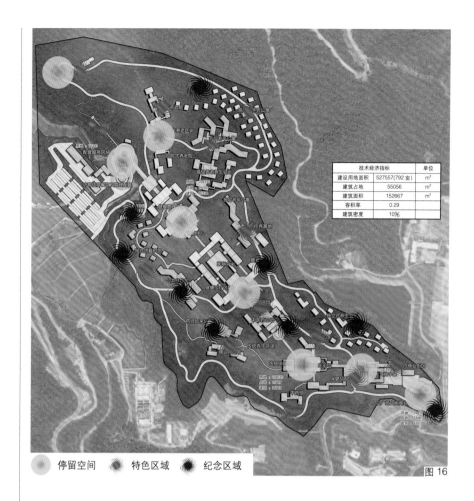

技术经济指标		单位
建设用地面积	527557(792亩)	m²
建筑占地	55056	m²
建筑面积	152667	m²
容积率	0.29	
建筑密度	10%	

停留空间　　特色区域　　纪念区域

图 16

度亲和力的陆地景观。

　　（3）适当进行坡地生态布置。在园区中适当布置坡地山林生态景观，将其打造成为拥有多种景观效果的中医药园。

　　4. 开放空间策略

　　（1）在人流集中的区块为参观者塑造引人入胜、值得纪念的园区形象。

　　（2）标志和保护特定的地点和场所，使人们能感受到中医文化和中医历史内涵。

　　（3）形成高密度集中的区块到自然形态的环境两者的清晰转变。

　　（4）创造一系列的休息场所和功能性空间，为游客提供相互连接并且具有吸引力的开放空间。

四、设计小结

　　本案作为规划设计的前期概念规划，结合地形地貌、基地周围环境，结合养老调研与分析、养老政策等情况，挖掘养老基地得天独厚的地理和环境优势，设置完善的配套和服务，打造一个理想的养生胜地：山清水秀，碧水蓝天，空气清新，宁静悠闲，怡然自得。好山、好水、好食物，轻松、自然、更健康！

　　本设计为老年人提供一个集休闲、度假、养生、养老、健康益寿为一体的优良居住环境，提高老年人的生活质量和生命质量，实现老年人"老有所养、老有所医、老有所学、老有所为、老有所乐"的愿望，既可减少社会压力，又能够对老人尽孝。

西藏雅砻河风景名胜区总体规划

中国城市规划设计研究院风景院／邓武功　叶成康　宋　梁

风景一词出现在晋代（公元 265 ～ 420 年），风景名胜源于古代的名山大川和邑郊游憩地及社会选景活动。历经千秋传承，形成中华文明典范。当代我国的风景名胜区体系已占有国土面积的 1%（9.6 万 km²），大都是最美的国家遗产。

雅砻河风景名胜区位于西藏山南地区，距拉萨市 165km，是 1988 年由国务院审定公布的第二批国家级风景名胜区（以下简称风景区）。雅砻河风景区 1993 年完成第一轮总体规划编制，原规划面积 922km²，包括乃东、琼结、桑耶、雅鲁藏布江序、雅拉香布雪山、桑日、沃卡七个景区。20 余年来，国家颁布了一系列的法规、规范与规章制度，山南地区经济社会也发生了很大变化，一些国家重大工程正在上马，风景区自身需要加强统一管理和旅游发展，亟须编制新一轮总规以指导风景区的保护、建设与管理。

一、现状主要问题

（一）边界范围不清晰，资源认识不全面

在 1993 年版总规编制的成果中，曾包括了 10 个景区 11 个部分（表 1 的黄色部分），分别有图纸和文字表述。但在最终上报国务院时修改为 7 个景区 10 个部分（表 1 的绿色部分），有文字表述但无图纸。两个版本的规划文件造成边界范围不清晰、不明确。此外，1993 年版总规只评价了 58 个景点，对风景资源的认识不够全面。风景区规划范围与实际情况的对照见表 1。

（二）统一有效管理能力弱

目前风景区管理机构为"雅砻风景名胜区管理局"，主要职能是进行规划管理，管理局对风景资源、项目建设、开发活动、门票、旅游等方面无直接管理权，也没有居民社会管理职能。管理局内无实质性的职能科室，没有相应的执法职能及人员，缺少专业人员。景区分散于各县，由所在县负责管理，各寺庙也有自己的管理处，这造成雅砻风景名胜区管理局的管理权限和管理能力都很弱。

（三）旅游组织单一，风景特色展示不充分

目前风景区的游览方式是以乃东县城驻地泽当镇为中心的点式游览，重点是昌珠寺、桑耶寺、藏王墓、雍布拉康等景点。风景区丰富多彩的文化还没串联组织起有特色的游览路线，各景区除核心景点外其他景点没有进行游览利用；在游览方式上以

图 1　风景区交通区位图

图 1

风景区规划范围面积与实际情况对照表　　表 1

景区景片	最终报批范围面积（km²）		中间版规划范围面积（km²）		本次精确测算面积（km²）
	是否包含	面积	是否包含	面积	
乃东景区	✓	100	✓（含雅拉雪山）	357	251.7
琼结景区	✓	28	✓	15	64.4
桑耶景区	✓	187	✓	185	180.1
雅鲁藏布江序景区	✓（含阿扎）	280	✓	349	456.9
雅拉香布雪山景区	✓	167.5	—		174.1
桑日景区	✓（含曲松）	54.5	✓	90	93.2
沃卡景区	✓（含神湖）	105	✓	218	223.9
阿扎景片	—		✓（称扎囊景区）	97	71.2
曲松景片	—		✓（称曲松景区）	6	12.5
神湖景片	—		✓（称神湖景区）	23	72.1
哲古湖景片	×		✓（称哲古景区）	240	214.4
总计	7 个景区 10 个部分	922	10 个景区 11 个部分	1580	1653.2 11 个部分

图2　布局结构示意图
图3　功能区划图

团队游为主，自驾游、徒步游开展很少；因而不能将风景区的自然与人文特色完整呈现出来。

（四）旅游服务能力不足，设施建设水平较低

含家庭旅馆在内风景区的住宿床位约2000床，全部集中在泽当镇，其数量和档次水平远不能满足旅游需要。游客中心5处，设在重点景区、景点，但其功能不完善，对风景区的展示与宣传不足。风景区管理机构对游客的组织、引导、指示、导游能力较弱。道路交通还不顺畅，道路等级较低，旅游车辆缺乏，不能为游客提供便利的交通服务。

二、总体布局

（一）规划思路

践行"生态文明、美丽中国"理念，全面贯彻落实科学发展观。以保护风景区遗产资源的生态、科学、文化、美学等综合价值为根本出发点，充分发挥风景区的生态保护、文化传承、审美启智、科学研究、旅游休闲、区域促进等综合功能。在此基础上统筹遗产保护、旅游发展与城乡发展的关系，充分发挥风景区的公益性，满足人民群众日益增长的精神文化需求，促进山南地区的经济社会发展。

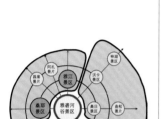

图2

（二）性质定位

雅砻河风景区是以藏源民族文化为底蕴，以历史文化胜迹、高原山川河谷为突出景观特征，以风景游赏、文化探源、生态涵养、休闲体验及科教活动等为主要功能，具有世界遗产品质的国家级风景名胜区。

（三）布局结构

本次规划雅砻河风景区总体布局结构为："一心、三片、四核、多区"，由此构成"放射状圈层结构"。一心即以雅砻河谷景区所在的乃东县城为中心来组织风景区游览。三片即根据主要游览路线，可形成三大游览片区，包括乃东—桑日—沃卡—神湖—曲松一线的东部片区、乃东—雅鲁藏布江—桑耶一线的西部片区、乃东—藏王墓—哲古湖—雅拉香布雪山一线的南部片区。四核即以雅砻河谷景区、藏王墓景区、桑耶景区、雅鲁藏布江序景区作为风景区的4个游览核心区域。多区即风景区分散的各景区、景片和景点。

（四）功能区划

规划将雅砻河风景区划分为生态涵养区、风景游览区、风景恢复区、发展控制区等4类功能区。

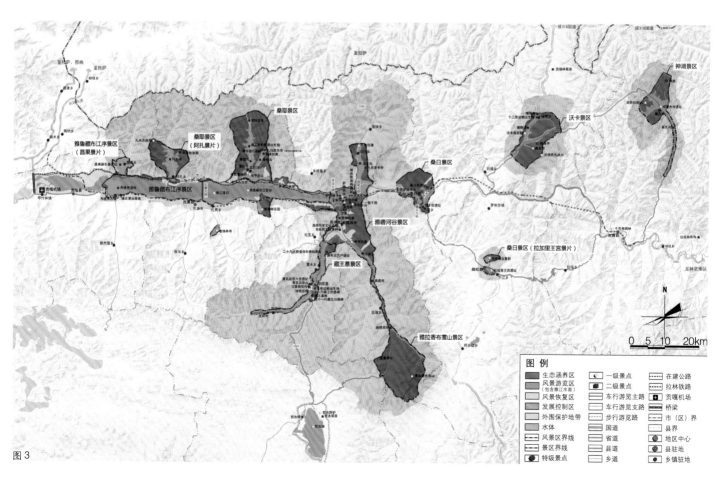

图3

生态涵养区是指对风景区内生态环境价值突出，需要重点涵养、维护的对象与区域，也是禁止开发区域。相当于特级保护区和一级保护区 A 类范围，共 731.9km²。

风景游览区是风景资源或可游览价值相对集中的区域，以开展风景游览、欣赏为主要功能，区内配合游赏活动，可安排必要的游览设施。相当于一级保护区 B 类的范围，共 588.8km²。

风景恢复区是风景资源价值相对较低的地区，但仍是风景区整体景观风貌与生态环境不可分割的组成部分，也是生态环境高敏感和中敏感区域，在规划期内主要是以生态环境保护、植被恢复为主，少量游览为辅。远景可将一些风景恢复良好的区域纳入风景游览区。相当于二级保护区的范围，共 66.2km²。

发展控制区是指城镇、村庄、游览设施集中分布的区域。对这些地区要符合人口调控和建设控制的要求，其建设须体现风景区大地景观风貌和田园乡村的风貌特色，并符合地形环境要求，达到与风景区景观环境相协调。相当于三级保护区范围，共 34.3km²。

三、风景资源评价

雅砻河风景区以人文风景资源为主，其中又以宗教建筑和遗址遗迹数量最多、价值最高。最后共评价了 130 个景点，其中人文景点 91 个，自然景点 39 个，特级景点 4 个，一级景点 31 个。并评价了八大名景，包括桑耶神界、昌珠佛彩、藏墓遗胜、神湖圣光、雍宫览胜、雅江落日、王宫史话、雅香雪日。

（一）分类特征

风景资源分类特征可概括为：圣洁壮美的圣山神湖，生动丰富的河川水系，珍稀优美的高原生景，广布庄重的佛教寺院，历史悠久的遗址遗迹，多姿多彩的藏源风情，古朴原始的乡村田园，引人入胜的传说典故。

（二）突出特点评价

1. 历史悠久，藏史文化之源

第一块农田、第一块御用农田、第一个村庄、第一位赞普、第一个宗、最早的庄园等众多的第一，及留传下来的众多的历史文化遗存和风俗民情，清晰描绘了风景区是藏民族和藏文化的发祥地，是藏史文化之源，具有突出的人文特色，其人文资源在世界范围内具有独特价值。

2. 古刹名师，藏传佛教之宗

西藏的第一座佛殿昌珠寺、第一座寺院桑耶寺皆位于雅砻河风景区，其中桑耶寺是所有藏民必拜的寺院，敏珠林寺是西藏宁玛派（红教）三大寺之一，扎塘寺是噶当派的代表寺庙，曲龙寺由宗喀巴大师所建并曾长期在此讲经弘法。

3. 壮美山川，藏地形胜之最

纵观整个西藏地区，雅砻河风景区所在区域是西藏地形最丰富、河谷最多、动植物最丰富、景观最优美的地区之一，可以说是藏地形胜之最，也是西藏最适宜生产生活的地区之一，由此才使得这里成为西藏粮仓，促成了雅砻部落最先在此繁衍并成为西藏最强盛的部落。

（三）评价结论

雅砻河风景区历史悠久，人文内涵深厚，是藏民族及其文化的发祥地，藏传佛教借此发端发展，是藏传佛教之宗，宗教民居建筑和民俗民风地域特色十分鲜明；雅砻河风景区山川纵横、田园河谷镶嵌，生态环境多样，高原生物多样性特点突出，高原山川形胜十分优美；雅砻河风景区自然与人文融合，景源类型丰富，代表了国家风景资源的特点，具有世界遗产价值。

四、风景区范围

本次规划对原风景区范围略有增减调整，其调整原因有两个方面。一是雅砻河风景区的风景资源及其游览价值需要进行重新梳理，二是须与山南地区的经济社会发展现状及未来发展需要相协调。同时将原规划范围落实到数字化地形图上，精确计算总面积为 1438.7km²，调整后为 1421.1km²，比上版规划面积减少了 17.6km²，但主要风景资源没有因范围调整发生变化（表2）。

五、保护规划

（一）规划思路

雅砻河风景区地处"藏南谷地"，文化景观资源极为丰富，生态环境较好。本规划从自然和文化资源两方面综合考虑，运用生态、地理、规划、风景园林等相关理论方法与技术手段，结合信息技术，对风景区及其外围进行生态敏感性分析，依此划定风景区保护分区、外围保护地带和区域生态保护范围，构建完整的风景保护规划体系。

图 4 风景区范围调整说明图
图 5 保护培育技术路线示意图
图 6 生态敏感性分析图
图 7 分级保护规划图

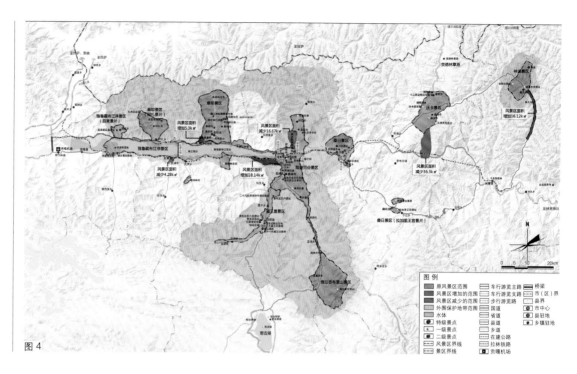

图 4

本次规划与上版规划范围对比　　表 2

景区景片	原规划实测面积（km²）	本次规划面积（km²）	面积调整情况（km²）	主要景点
雅砻河谷景区（原乃东景区）	251.7	253.2	增加 1.5	昌珠寺、雍布拉康、吉如拉康、泽当古镇、泽当寺、昌珠镇、萨日索当、贡布圣山
藏王墓景区（原琼结景区）	64.4	64.4	不变	藏王墓群、青瓦达孜六宫遗址、琼结古镇、四十一代藏王功德碑
桑耶景区	251.2（其中阿扎片71.2）	256.5（其中阿扎片71.2）	增加 5.3	桑耶寺、松卡石塔、哈布圣山
雅鲁藏布江序景区	380.2（含水面205.3）	375.9（含水面205.3）	减少 4.3	敏珠林寺、朗赛林庄园、扎唐寺、雅鲁藏布江宽谷、雅江落日
雅拉香布雪山景区	174.1	174.1	不变	雅拉香布雪山
桑日景区	93.2（其中曲松景片12.6）	93.2（其中曲松景片12.6）	不变	拉加里王宫遗址、井嘎塘古墓群、恰卡宗遗址
沃卡景区	223.9（其中神湖景片72.1）	115.6	减少 108.3	沃德贡杰冰川、曲龙寺、沃卡温泉群、增期寺
神湖景区	原属沃卡景区	88.2	增加 88.2	神湖、班丹拉姆山、琼果杰寺遗址
总计，8 个景区	1438.7	1421.1	共减少了 17.6	主要风景资源没有发生变化

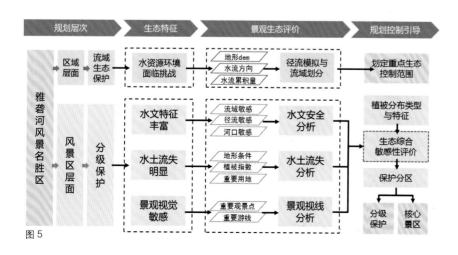

图 5

（二）生态敏感性分析

从综合分析来看，风景区内以中敏感和高敏感区域为主，分别占到总面积的 41.7% 和 41.3%，反映区内生态环境珍贵脆弱。

生态高敏感区域主要分布在沿江的宽谷平坝地区、高山冰川地区及乃东城区周围。生态中敏感区域主要分布在沿河山地沟谷地带及乃东宽谷区域。生态低敏感区域主要是沿江沿河宽谷的其他区域。

（三）区域生态与外围保护控制

本规划运用 ARCGIS 水文分析工具，模拟风景区及其上游水文过程，辨识汇水流域单元，综合考虑区域生态保护培育的有效管理需要，确定风景区内河流水系汇水范围达到 10838km²，以此流域范围作为风景区区域生态保护范围。在区域生态保护范围内，综合分析景观与生态影响，在上版规划的基础上划定外围保护地带共计 4067.5km²。

对区域生态保护范围和外围保护地带提出如下保护要求：加强城镇建设引导，严格建设审批；改善农牧生态环境，加强林草保护；提升荒漠化和沙化土地治理力度，维系生态系统稳定；加强流域监测和科研工作，完善保护体制。

（四）资源分级保护

在生态敏感性分析的基础上，规划将风景名胜区划分为特级保护区、一级保护区（A 类和 B 类）、二级保护区和三级保护区四个保护等级，并将特级

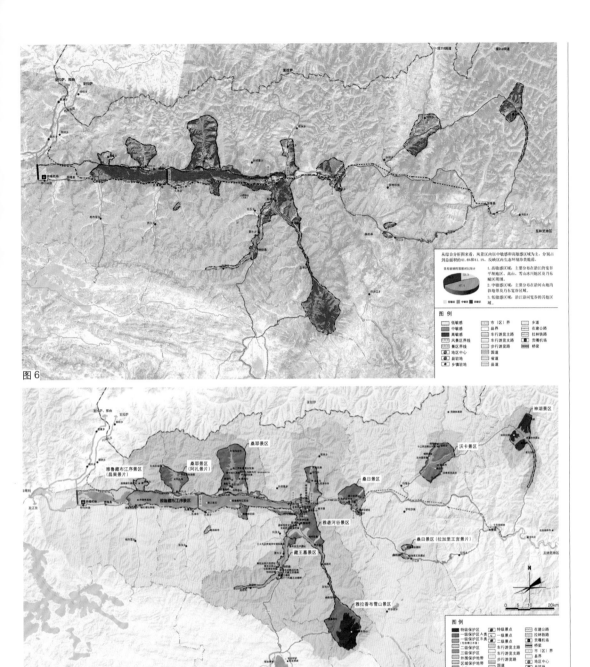

图 6

图 7

和一级保护区 B 类纳入核心景区实施重点保护控制。总体上要求风景区内重大建设工程必须符合《风景名胜区条例》等相关规定及本规划的相关要求；建立管理信息系统，对风景资源与环境应进行长期的科学监测、分析和研究；村庄建设应保持传统风貌，建筑高度控制为 2 层（含）以下。

1. 特级保护区

指生态高度敏感或风景资源价值极高的区域，以冰川、雪山或少量高山砾石和稀疏植被覆盖的高山为主体，海拔在 5200m 以上，如雅拉香布雪山、沃德贡杰冰川和神湖等。要求严格保护雪山和冰川景观资源，使其处于自然状态；严禁一切破坏性的建设活动，除必要的科学考察和徒步登山探险活动外不开展其他风景游赏活动。

2. 一级保护区 A 类

指河流湿地和海拔 4000m 以上的山地荒漠等生态高敏感区域，该区要求：保护河流湿地，加强荒山绿化、退耕还草，治理荒漠化；严格保护遗址遗迹等风景资源，原则上不开展游览活动；严禁在此区内开展城乡建设，控制放牧等生产活动等。

3. 一级保护区 B 类

指风景资源价值或可游览价值高且较为集中的区域，也是主要开展游览活动的区域，主要包括河流湿地、山地荒漠和沟谷生态的中敏感区域。该区要求：严格保护风景资源的真实性和完整性及其周边环境，允许开展游览活动，但须管控游客行为；保护水系河道景观完整性，加强两岸绿化建设，禁止污染河水；适宜绿化的山地荒漠地区应加强生态

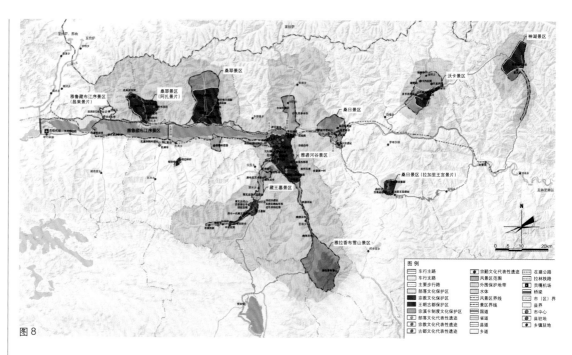

图8

抚育和荒山绿化建设；严格限制与风景保护、游览无关的各类建设与活动；严格控制居民人口规模和居民点建设规模，应将居民逐步疏解至乡镇、县城驻地等。

4.二级保护区

指生态中敏感区域，包括林地、沙地和沟谷生态的中敏感区域。该区要求：保护和管理好有价值的风景资源，严禁开展破坏风景环境的各种工程建设与生产活动；区内以恢复植被为主；控制沙地范围与面积；控制居民人口规模和居民点建设规模，维护乡村农田景观等。

5.三级保护区

除特级、一级和二级保护区之外的生态低敏感区域，为三级保护区，包括风景区内的城镇建设及其周边区域。该区要求：区内编制的城乡规划应符合风景区总体规划的要求；保护景观资源；可安排

游览设施建设，城镇规划建设应保护自然景观要素，形成特色城镇空间；不得安排污染环境和破坏景观的生产项目。

（五）资源分类保护

雅砻河风景区内主要的风景资源按类型分为四类，以冰川和喀斯特溶洞为代表的地质地貌，以江河、溪流和温泉为代表的水系水体，以高山草原草甸为代表的植被生境，以及丰富的野生动物生境。规划在分项保护中针对各类风景、资源特点提出重点保护与培育的要求，使保护规定更为明确和利于执行。

（六）文化遗产资源保护规划

以泽当为中心的雅砻风景区，是雅砻文化和早期吐蕃的发祥地，也是西藏佛教的创始地，在西藏的历史文化长廊里占据了"前序"的重要地位。当前，文化遗产保护面临保护和展示不足、新建建筑与文物本体和环境不协调、古城古村的风貌遭破坏等问题。

为此，规划按照真实性、完整性、尊重性原则，提出应整体保护文化遗产周边环境、分区保护和利用文化资源、加强历史文化遗存建档和申报工作、构建"点、线、面"保护展示系统、重点保护宗教文化遗存等措施要求。并对文物保护单位、寺院与遗址遗迹、历史文化名镇名村、特色传统村落和非物质文化遗产提出了详细的保护措施。其中分区保护按照现状文化资源的分布和其蕴含的历史文化价值，分为雅砻部落文化保护区、宗教文化保护区、王朝故都保护区、宗溪卡制度文化保护区和近代史迹文化保护区（表3）。

不同保护区及其代表性遗产   表3

文化特色分区	代表性不可移动文物	其他文化景观资源
雅砻部落文化保护区	昌果沟遗址、猴子洞、雍布拉康	第一块农田"萨日索当"、第一个村庄、第一代赞普聂赤
宗教文化保护区	桑耶寺、昌珠寺、敏珠林寺、丹萨梯寺、青朴行洞、吉如拉康、查央宗、松嘎石塔、多吉扎寺、白日寺、曲龙寺、曲桑寺、增期寺	宗互布溶洞、贡布圣山、哈布圣山、拉姆纳错神湖、猴子洞
王朝故都保护区	藏王墓、青瓦达孜宫、赤松得赞记功碑、丹萨替寺、泽当寺、拉加里王宫	泽当古镇、琼结古镇
宗溪卡制度文化保护区	沃卡宗、琼结宗、朗赛林庄园、强钦庄园、平若庄园、鲁定颇章、桑日宗	白玛宗遗址、只龙庄园、卡内庄园
近代史迹文化保护区	党支部旧址、山南烈士陵园	克松村、克松庄园遗址、琼结县五世达赖喇嘛故居、德吉林卡、杰德秀古镇

规划认为雅砻河风景区满足标准世界遗产的标准 II、III、VI，可申报世界文化遗产。

六、游赏规划

（一）游赏布局

雅砻河风景区的游赏布局根据其景区分散分布的特点，可以概括为"一心三环"的组织结构。"一心"即以乃东城区为游赏组织核心，同时可游赏昌珠寺、泽当古镇、泽当寺、萨日索当、贡布圣山等城区附近景点。"三环"即东部、西部、南部游览环。

（二）游览组织

1. 区域游览组织

雅砻河风景区的旅游组织应加强和周边城市与地区的联系。其中核心是加强与拉萨的联系，其次应加强与林芝、那曲、日喀则三个地区的联系。具体的区域组织路线如下：（1）旅游专线为，乃东—拉萨，乃东—林芝，乃东—那曲，乃东—日喀则，乃东—羊卓雍措；（2）区域小环线为，拉萨—贡嘎—桑耶—乃东—桑日—曲松—加查—神湖—沃卡—墨竹工卡—拉萨；（3）区域大环线为，拉萨—贡嘎—桑耶—乃东—桑日—沃卡—神湖—加查—林芝—墨竹工卡—拉萨，此环线即西藏旅游"8"字线东半部的扩展。

2. 风景区游览组织

风景区内游览组织主要分为综合游览、自驾游览、徒步游览和专项游览四种类型。其中，综合游览以八大景区为中心，可以组织一日游或多日游；

图9

图8　文化遗产保护规划图
图9　区域游览组织
图10　风景游赏规划图

自驾游览组织以泽当为中心点，推出东环线、西环线和南环线一日或两日游；徒步游览推出神湖朝圣、环雅江、雅拉香布雪山、环哲古湖、风景区至拉萨等多条徒步线路；专项考察游览以藏源文化（吐蕃王朝、帕竹王朝和拉家里王朝为代表）和宗教人物为主线，组织游览。

（三）景区规划

规划将乃东景区更名为雅砻河谷景区，将琼结景区更名为藏王墓景区，将神湖单列为景区。最终划分为雅砻河谷、藏王墓、桑耶、雅鲁藏布江、雅拉香布雪山、桑日、沃卡、神湖八个景区。基于各景区的景观特征与游赏内容，针对各景区的游览组织、景观环境控制、游览解说系统和基础设施建设等方面提出规划要点，并按各景区保护需求提出深入编制详细规划的要求。

（四）景点规划

规划结合雅砻河风景区的风景资源类型及各景区游赏特色，对风景区内规划的130处景点分

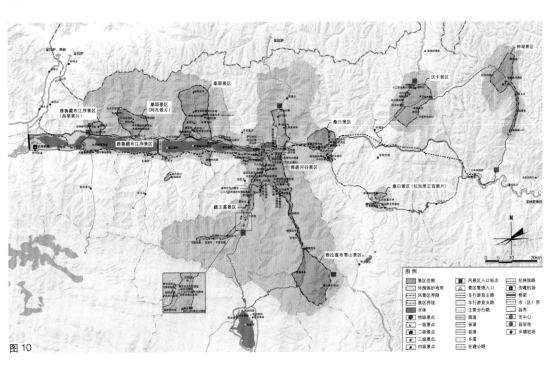

图10

别提出了改造提升、建设完善的相应措施，指导景点保护、游览与建设以及后续的风景区建设和详细规划。

七、游览设施规划

现状游览设施过于集中于泽当镇，档次相对偏低、类型固定单一，按照"合理布局、适量建设，结合村镇、突出特色，分级配置、逐步实施"的原则，规划了"旅游市—旅游城—旅游镇—旅游村（旅游服务中心）—旅游服务站—旅游服务部"的旅游服务系统。以拉萨市为旅游市，以山南地区驻地泽当镇为旅游城，提供食、住、行、游、购、娱等全面综合的旅游服务功能与设施。旅游镇结合4座县城设置，旅游村和服务站分别结合现有镇、村设置，不大规模另行新建，带动城、镇、村发展。

八、道路交通规划

规划按照积极融入区域交通体系、建设内部游览环线、完善特色交通线路设施的要求来组织风景区游览交通系统，分为对外交通和风景区内部交通两个层次，分层确定交通系统网络，完善交通联系，促进旅游交通的发展。

对外交通层面，依托贡嘎机场、在建的拉林铁路、高速公路和国道网络，并通过进一步建设雅鲁

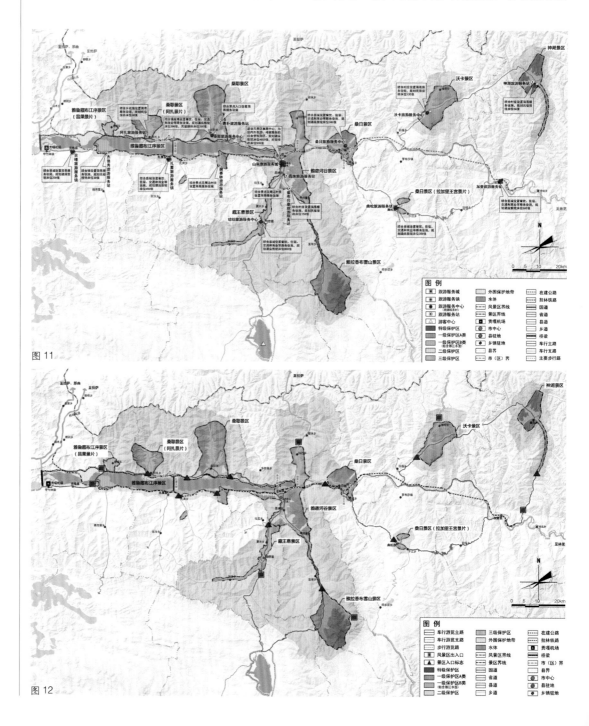

图11

图12

图11 游览设施规划图
图12 道路交通规划图

024 **风景园林师**
Landscape Architects

藏布江北岸公路和桑日—沃卡—墨竹工卡的道路，提升省道101、县道303和省道202道路等级，加强风景区与周边地区的交通联系。

风景区内部交通层面，车行游览路以现有道路设施为基础，形成3条环形机动车游览路和12条支线机动车游览路。在现有道路基础上进行必要升级，加强道路养护，保证行车安全，减少对道路两侧自然环境的干扰，并在沿途增设停车点、观景点。步行游览路结合主要的游赏徒步线路设置。

停车场结合旅游服务基地建设，同时，应对自驾游兴起趋势和游赏需求，结合泽当旅游城、哲古旅游村和沃卡旅游村建设3个自驾游服务基地，为自驾车旅游提供完善的服务，有效保障自驾游活动顺利进行。

九、居民社会调控规划

雅砻河风景区涉及贡嘎、扎囊、乃东、琼结、桑日、曲松、加查七县，包括了14个乡镇，含村庄居民点37个，涉及总人口33808人。从整个风景区来看，居民点的分布特点是较分散、人口少，村庄建设压力不大，以农牧业生产为主，村庄风貌保持较好。

规划严格控制景区内城镇村庄的人口规模，缓解对高原生态环境的人口压力，调控方式主要分为：（1）分布在景区内远离乡镇驻地的山地荒漠地区，因海拔较高，地势较陡，生活不便，应在尊重居民意愿的前提下逐步疏解到相邻乡镇驻地；（2）临近中心城区、乡镇驻地、经济基础较好的居民点，发展经济受到的制约因素少，可适当聚居发展，既有利于合理布局风景游览区内人口，又可以起带动区域经济社会发展的作用；（3）其他居民点对风景资源的影响不大，一部分还具有一定的景观游赏价值，应控制人口，并引导其开展旅游活动。

经调整，风景区在现状人口的基础上保持自然增长（年增长率按3‰计），规划居民总人口35362人，远期进一步鼓励农村居民向城镇转移。

十、管理体制建设

落实《风景名胜区条例》[国务院令第474号]，将现分散的管理机构进行整合，在雅砻河风景区全范围建立统一有效的管理机构，加强对风景区资源的有效保护与永续利用。景区机构上，建议雅砻河谷景区、桑耶景区、藏王墓景区、雅鲁藏布江序景区和雅拉香布雪山景区由雅砻河风景名胜区管理局直接管理并设立景区管理处。在桑日县、曲松县、加查县结合三县旅游局设立管理处，管理各县所辖景区，景区则设管理站。

综合管理上，直接管理的景区由于都涉及很多文物保护单位和寺庙，各景区管理处负责人由管理局委任，组成人员应包括文物和宗教等管理部门的人员，组成综合管理部门。桑日、曲松、加查三个管理处负责人由各县旅游局负责人兼任，风景区管理局委派人员任管理处的专职副职，直接向风景区管理局负责。

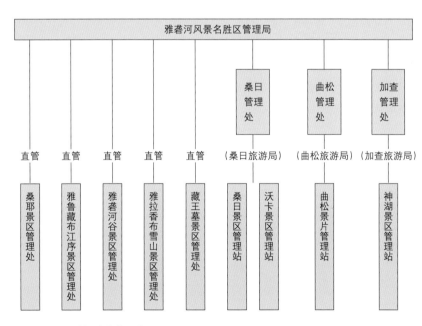

图13　风景区管理机框架示意图

遗产保护与风景区发展关系的思考

——以须弥山石窟风景名胜区为例

中国城市建设研究院有限公司／王国玉　白伟岚

一、引言

　　须弥山石窟风景名胜区（以下简称"风景区"）是我国第八批国家级风景名胜区，也是宁夏回族自治区继西夏王陵风景名胜区之后的第二处国家级风景名胜区。风景区所处的历史、空间节点以及生态、文化地位方面均具有无可替代的重要性。

　　随着国家"一带一路"（"丝绸之路经济带"和"21世纪海上丝绸之路"）战略的提出，国家空间格局战略重心西移。宁夏作为丝绸之路经济带的重要节点，面临着全新的发展空间和增长机遇，将迎来基础设施建设的重大机遇，这些将显著改变固原地区交通条件；同时伴随着丝绸之路经济带的建设，旅游文化产业也将迎来"走出去、引进来"的重要机遇，因此须弥山石窟风景区的发展具有很大空间。

　　在全面开展生态文明建设、推进新丝绸之路经济带筹划的巨大发展契机下，保护好、利用好须弥山石窟风景区禀赋优异的人文资源和壮美阔达的自然资源，协调好风景区经济社会发展和文化遗产保护的关系，是促进风景区可持续发展的重要内容。

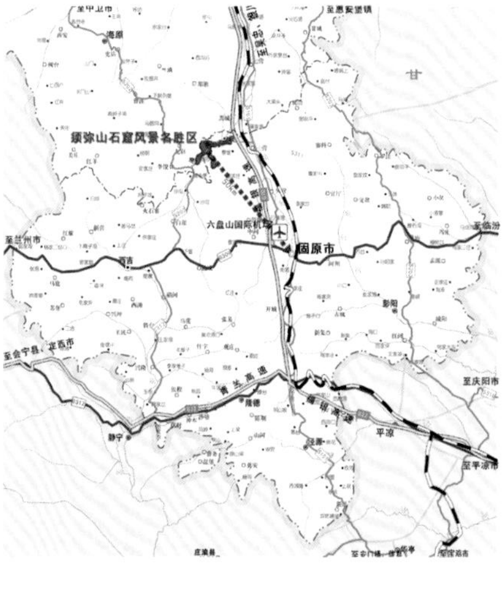

二、风景区规划主要面临的问题

　　风景区规划主要面临如下问题：

　　（1）风景游赏与文化遗产保护的矛盾制约。

　　风景区位于西部干旱、生态脆弱区域，风景游赏处于粗放式开发阶段，对遗产的保护利用不够。

　　（2）基础设施建设落后影响遗产保护的空间环境。

　　风景区目前道路交通、游赏服务设施、给水排水、环境卫生等基础设施建设严重滞后，而且缺乏系统布局，旅游设施目前仅能提供少量住宿且档次偏低，对环境的影响较大。

　　（3）居民社会经济发展影响景区遗产保护。

　　风景区位于我国西北内陆地区，处于经济快速发展和产业转移承接的阶段，这对风景区遗产保护产生间接的不利影响。

　　（4）对遗产保护的管理认知水平尚待提高。

　　风景区现状未能形成统一的管理机构，由于行政体制、财政税收体制的制约，风景区在开发管理、监督等方面存在条块分割的现象，这对风景区的发展与遗产保护十分不利。管理人员对遗产保护的认知程度较低，也会影响遗产的保护。

三、主要规划技术思路

（一）总体技术策略

　　规划总体技术策略及规划总图如图2、图3所示。

（二）风景建设与遗产保护空间协调

　　明确遗产保护空间及相关措施，重点景点建设项目设置于遗产保护空间之外，并明确相关建筑风格、材质等控制要求。

图1

（三）遗产保护利用类型划分及策略

1.文物保护利用类型

（1）完全保护文物

该类型文物包括两个类型：一类是资源文物价值独特，具有重要历史、艺术和科学价值的石窟造像，对须弥山石窟文保单位起到关键支撑作用的石窟造像，包括第5窟大佛楼、第33窟中心柱形双层礼拜道支提窟和第44窟石窟壁画等。另一类是现状损坏较为严重，信息量较小，观赏性不高但具有重要文物价值的石窟造像及遗址遗迹，主要包括三个窟、黑石沟景群内的石窟，相国寺，子孙宫，圆光寺，桃花洞以及大佛楼景群中的大多数僧禅窟等。

（2）限时限量开放文物

该类型主要是指文物价值较高，同时现状保存较好，具有一定游览价值，但从文物科研价值及风景资源可持续角度，近期不适宜向游人全面开放的石窟造像，包括第105窟唐代唯一的大型塔庙窟，第24窟佛传故事雕刻，第14窟须弥山开凿最早石窟以及第67窟、第70窟隋代写实造像风格窟等。

（3）展示保护文物

该类型主要是指文物价值、游赏价值较高，现状保存较好，同时不易受游人游览对文物本体造成的损害的石窟造像，包括第51窟须弥之光，第112窟藏传佛教喇嘛式佛塔，第45窟、第46窟北周文艺雕刻艺术集萃窟，第1窟唐代药师佛窟等。

2.不同类型文物的保护利用策略

（1）完全保护文物

该类文物仅向文物保护、考古等专业人士预约开放，用于文物研究考察，不向游人开放。修建防护围栏，进行保护性隔离，禁止游人进入，围栏的样式、材质和色彩应与历史环境风貌相协调；严格根据保护级别和保护措施，做好石窟文物、遗址遗

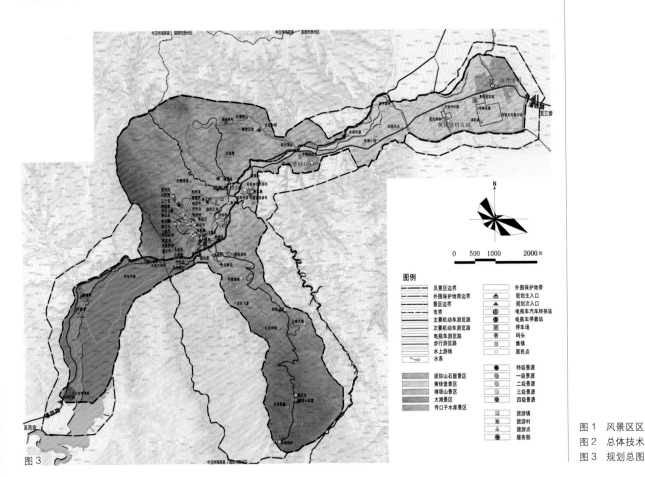

图2

风景保护体系规划
· 核心景区—风景区—外围保护地带
· 客观评价与区别策略

风景游赏体系规划
· 西北丝路—宁夏—固原—风景区
· 风景区—景区—景点—景物景观

游览设施体系规划
· 旅游城—旅游镇—旅游村—旅游点—服务部
· 优先完善风景区内外基础设施

居民社会管理系统规划
· 聚居集镇—居民村—居民点
· 产业协调，同时间接为游客提供服务

世界遗产遗产地空间载体保护

世界遗产价值保护与传承

保护利用协调可持续模式

风景区与区域一体协同发展模式

风景区发展与经济社会协调模式

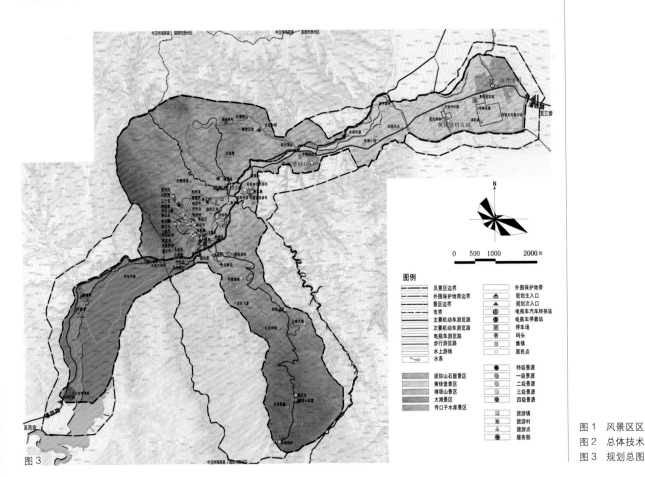

图3

图例

风景区边界　　　　　外围保护地带
外围保护地带边界　　规划主入口
景区边界　　　　　　规划次入口
市界　　　　　　　　电瓶汽车转换站
主要机动车游览路　　电瓶车停靠站
次要机动车游览路　　停车场
电瓶车游览路　　　　码头
步行游览路　　　　　集镇
水上游览线　　　　　居民点
水系

须弥山石窟景区　　　特级景源
黄铎堡景区　　　　　一级景源
禅塔山景区　　　　　二级景源
大鸿景区　　　　　　三级景源
寺口子水库景区　　　四级景源

　　　　　　　　　旅游镇
　　　　　　　　　旅游村
　　　　　　　　　旅游点
　　　　　　　　　服务部

图1　风景区区位图
图2　总体技术策略
图3　规划总图

迹及周边环境的保护工作；进行更加详细的考古调查，深入挖掘文物的历史、艺术价值，为远期对部分文物、遗迹的游赏展示提供基础支撑。

（2）限时限量开放文物

做好文物的研究和保护工作，根据文物现状条件及环境因子、单次可容纳游人量等，综合确定每个文物单位能够向游人开放的内容、时间、容量等，根据指标进行综合调控。

（3）展示保护文物

强化文物日常维护管理，健全游赏设施，完善解说系统，做好石窟内部空间游赏组织，布设环境信息采集监测系统以及游人监控管理系统，保障文物资源安全有序地向游人开放。

（四）遗产资源游赏利用要点

根据石窟资源特点与游览开放策略，以及石窟资源游赏价值评价和文物保护要求，划分重点开放、限时开放及不作游赏开放的景点景群代表性区域。

1. 丰富游赏组织，合理布置游线

根据石窟文物的资源特点，挖掘文物价值的异同点，设计区域历史嬗变、古代文化艺术、佛教文化专题等多样化游赏组织形式，结合景区内游步道，合理布置各条游线，最大程度地减少不同游赏类型间的线路冲突。

2. 设立石窟游赏限管区和游赏分流区域

根据不同保护利用类型石窟资源的分布情况，划定须弥山石窟大佛楼、子孙宫、相国寺等重点石窟景群作为游赏限管区，五彩甸、石门关、须弥山博物馆等区域作为游赏分流区域。

3. 控制游人总量，实施游人量调控策略，做好分流

建立以须弥山石窟景区极限游人量为调控基准的须弥山石窟景区游人调控策略，运用现代科技手段对游人总量进行实时监控，当游人总量超过临界值时，及时通过备用游览组织方式，向上述区域分流游人。

4. 重点区域开展单独售票、限时参观等管理措施

子孙宫区、相国寺区、圆光寺区、桃花沟区根据登山步道及景点内部游览空间，合理确定文物空间承载力。以各区空间承载力为基准，设定区域单独售票等综合管理策略，确保游客量不超过该区域文物空间承载力的最大值。

在旅游旺季执行限时参观管理，但应保证游客等待时间不超过40分钟。同时在游客服务中心、须弥山博物馆等游客自由活动的分流区域配套完善的设施和服务，并开辟新的游赏体验方式，通过解说、展陈、放映和其他印刷材料等形式，丰富游客对景区信息的获取渠道。

四、结语

须弥山石窟风景名胜区总体规划充分考虑风景区内风景资源的价值保护与科学利用，将遗产资源保护的理念贯穿景区规划的全过程，并从风景建设与遗产保护空间协调、遗产保护利用类型划分及策略、遗产资源游赏利用要点等方面明确相关空间管控、建设、保护的技术要点，进而促进风景名胜区的可持续发展与遗产保护的协调发展，探索了一条西部经济快速发展背景下风景区与文化遗产保护的协调发展之路。

项目组成员名单

项目负责人：王国玉　白伟岚

项目参加人：王　莹　董东箭　王媛媛　瞿　玮
　　　　　　张英杰

项目演讲人：王国玉

图4　遗产保护利用类型划分

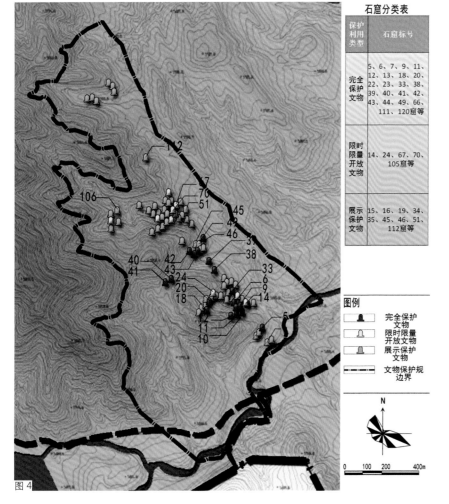

石窟分类表

保护利用类型	石窟标号
完全保护文物	5、6、7、9、11、12、13、18、20、22、23、33、38、39、40、41、42、43、44、49、66、111、120窟等
限时限量开放文物	14、24、67、70、105窟等
展示保护文物	15、16、19、34、35、45、46、51、112窟等

图例

完全保护文物
限时限量开放文物
展示保护文物
文物保护规边界

N

0　100　200　400m

图4

地域民族文化的保护与升华

——新疆麻赫穆德·喀什噶里景区设计

新疆城乡规划设计研究院有限公司／王　策　赫春红

一、项目前期分析

（一）历史背景

麻赫穆德·喀什噶里是出生于新疆喀什的一位伟大的学者，他诞生在丝绸之路鼎盛时代。这位维吾尔族伟大学者，以其语言学巨著《突厥语大词典》闻名于世。这部巨著堪称一部关于突厥民族的百科全书，被许多国家用十多种文字出版发行，成为中国和世界文化艺术宝库中的珍品。

（二）区位特点

麻赫穆德·喀什噶里景区位于喀什地区疏附县，是新疆重要旅游目的地城市——"大喀什市"的一部分。麻赫穆德·喀什噶里景区所在地不但是麻赫穆德·喀什噶里的故乡，而且拥有国家级文物保护单位——麻赫穆德·喀什噶里墓，属不可替代性旅游资源。

（三）景区现状

麻赫穆德·喀什噶里景区是麻赫穆德·喀什噶里的安息之地。修建于 12 世纪初期，至今有 900 多年的历史。在将近 1000 年的岁月里，这里一直是当地群众顶礼膜拜的圣地。其陵园深受新疆人民的景仰，伊斯兰学者往往将自己喜爱的书籍及专著奉献给这一陵园。

景区内有麻赫默德·喀什噶里陵墓，还有神树、经文学院遗址、博物馆、毛拉木山遗址、降魔洞、托克子卡孜拉克佛教遗址（自治区文物保护单位）、观景台、金泉等旅游景点。整个景区古树参天，绿荫蔽月，泉水萦绕，气候宜人，风景优美，已成为国内外人士参观、旅游及进行学术研究的重要场所。2006 年，麻赫穆德·喀什噶里墓被正式列为全国第六批国家重点文物保护单位。

（四）旅游前景

2002 年，土耳其总理专程从新疆维吾尔自治区首府乌鲁木齐绕行喀什，驱车到陵墓参观膜拜。每年，从世界各地慕名到疏附县参观麻赫穆德·喀

图 1　突厥语大词典
图 2　现状分析图
图 3　麻赫穆德·喀什噶里雕像

图 1

图 3

疏附麻赫穆德·喀什噶里景区位于疏附县城西南部的乌帕尔乡，距离县城30 km，距离喀什市45 km，距通往巴基斯坦的红旗拉甫口岸390 km，距通往吉尔吉斯的吐尔尕特口岸210 km。景区东临乡村道路，南至当地居民区。

图 2

图 4　景区总平面图
图 5　景区地势图

什噶里墓的游客多达数万人次。保护建设好国家级重点文物保护单位及麻赫穆德·喀什噶里风景区，对带动喀什地区乃至新疆全区的社会经济发展都具有重要意义。

少。环境景观质量较差，回头客较少，游客停留时间短，旅游收入低。缺乏完善的旅游服务设施与公共休闲空间，无法满足向大众开放展示和宣传教育的需求。

（五）问题分析

（1）景区现状仅作为名人瞻仰的陵园，展示和旅游功能单一。

（2）文化景观单一，无法充分体现丝路文化与中亚各国文化的整合。

（3）早期没有进行统筹规划，缺少有效的观赏路线和观赏视点，不能完整地展示景区环境特色。景点之间互动较差，各自为政，未形成有效的展陈体系，不能充分展示景区的特色历史文化内涵。

（4）落后的基础设施和日益退化的生态环境已严重阻碍了旅游客源市场的发展。因为基础设施差和接待能力有限，造成游人量相对于游览容量偏

二、研究探索

借助名人影响力，首先要保护与名人相关的文化景观资源，对麻赫穆德·喀什噶里陵墓、神树、经文学院遗址、博物馆、降魔洞、托克子卡孜拉克佛教遗址、观景台、金泉等景点充分保护，深度挖掘地域特色，升华景区的展示和旅游功能。

以历史文化为基点，融入地域文化、民族文化、丝路文化，通过中华多民族文化的整合展示，提升景区的游赏价值。

景区现有景点位置，已初具伊斯兰园林的布局特点，设计应以此为基础，加强伊斯兰园林的布局

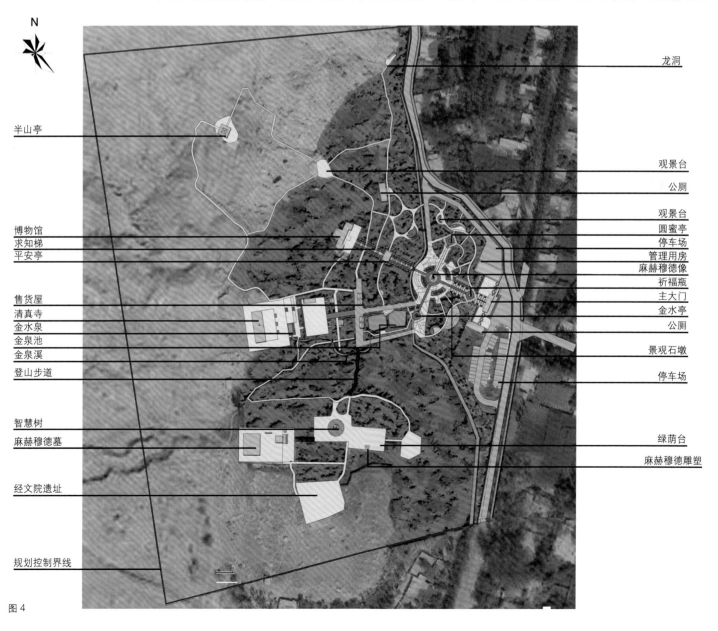

N

半山亭	龙洞
博物馆	观景台
求知梯	公厕
平安亭	观景台
售货屋	圆蜜亭
清真寺	停车场
金水泉	管理用房
金泉池	麻赫穆德像
金泉溪	祈福瓶
登山步道	主大门
智慧树	金水亭
麻赫穆德墓	公厕
经文院遗址	景观石墩
规划控制界线	停车场
	绿荫台
	麻赫穆德雕塑

图 4

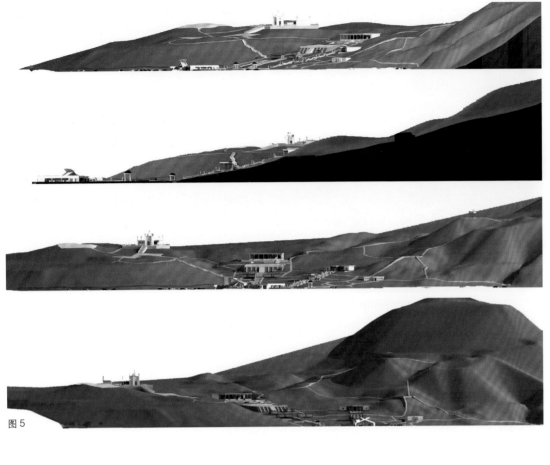

图5

和表现手法，让民族团结的宣传教育与旅游观赏的功能充分结合，达到形散神聚、有机整合的展陈体系。

三、解决途径

（一）名人文化的保护

麻赫穆德·喀什噶里景区重新定位为：以瞻仰突厥语言学家——麻赫穆德·喀什噶里风采，了解《突厥语大词典》文化内涵，进一步保护和发扬中华民族地域文化为主要功能。

从内容表现形式上主要是以麻赫穆德·喀什噶里的生平及其所著的《突厥语大词典》为题材来展现突厥文化和地域文化。通过艺术设计使景区既具有科学知识内涵，同时又具有娱乐性、可参与性，从而达到多元文化交融传播与大众旅游相结合的效果。

（二）地域特色的凸显

将旅游与当地历史文化脉络整合，展现历史文化发展的传承性和地域文化的独特性。体现传统文化与现代文明的载体的和谐统一，提供人们标识自身社会属性和感受地域场所精神的感官框架。

设计中充分体现：（1）对地域传统文化的尊重和延续，通过历史的贯穿和延续，促使地域传统历史文化的"活化"；（2）对地域传统形式的借鉴，如民族特色建筑、装饰工艺、与当地人生活息息相关的物品等，在设计中通过对以上传统形式的借鉴，达到建筑形式与功能的完美结合；（3）传统生活方式和社会关系的再生，在景区中创造一个既是地方性的，同时又是开放性的环境，重现地域文化精神。

（三）轴线控制的整合

通过整体规划，利用对称来打造一个庄严肃穆、大气的氛围。方案平面布局采用与伊斯兰文化相吻合的十字轴线对称式，分为主轴线的纪念性景观和次轴线的休闲活动空间。以主雕像、博物馆为实体主轴，辅以其他有虚有实、虚实结合的轴线作为骨架，将景区主要景点和构筑物全部串联起来，利用山体的特点布置自然园路，采用自然曲线构图，形成一些休闲空间，丰富完善平面构图。

主广场十字轴线采用天然石材铺砌的浅水槽，稍有雨水即可以形成仿佛有宁静水系的伊斯兰园林景观特色。十字形浅水槽将广场分割成四部分，四个方向的水渠各有延伸，分别代表《古兰经》提及的自天堂流出的水、乳、酒、蜜四条河，楼船箫鼓中心是麻赫穆德·喀什噶里人物雕像，脚下是由他亲手绘制的《世界地图》。

图 6 景区轴线效果图
图 7 景区鸟瞰图

图6

图7

对于麻赫穆德·喀什噶里景区的景观结构设计，力求能够体现历史的沧桑和时代的高度，又能体现艺术的美观，虽按轴线处理，但两边运用了均衡而不严整、对称而有变化的设计手法，有收有放，灵活多变。

（四）服务功能的完善

景区设计不仅仅意味着对功能问题的合理解决和构筑和谐的三维空间，它还是传递传统文化和融合当代文化的实践方式。增加符合现代人旅游行为的服务设施和内容，以满足不同旅游群体的需求，促进当地独特的历史文化和地域文化的张扬和发展。

因此，景观设计既要体现当地历史文化的传承性，又要体现疏附县经济社会发展的时代性；既要反映疏附县新的发展趋势，又要反映疏附人的群体性格特征。按照特色化、体系化的要求，借助"丝绸之路经济带"等平台，打造具有时代气息和地域性特色的主题景观。

项目组成员名单
项目总负责人：王 策
项目技术负责人：赫春红
项目参加人：翁东杰 罗清安 刘骁凡 李 剑
董云杉 宗明涛
项目演讲人：赫春红

总体规划协同编制视角下绿地系统规划编研发展的思考

——基于《鞍山市生态园林城市建设规划》编制的实践

中国城市规划设计研究院风景所 / 吴 岩

园林一词出现在汉代（公元1世纪），来自古代的游娱和畋猎苑囿，园聚如林；绿地源自古代的四旁植树和村宅园圃，有着防风避晒、表道固地和生产实用功能；园林绿地系统是由若干园林、绿地和相关要素按一定的关系组成一个整体。当代的园林绿地系统一般占城市总用地的20%～38%。

一、被动的困境——传统绿地系统规划编研的困境及原因

近年来，我国快速城镇化进程推动绿地系统规划编研在规划层次、编研内容、指标体系、空间形态优化等方面进行了大量探索。

尽管绿地系统规划编研在各方面得到了极大发展，但编制思路多立足于"着眼城市内部、强调游憩服务、囿于专业体系、谋求总量达标"的本位视角，面临"自说自话、举步维艰"的困境。所谓"自说自话"，即绿地系统规划通常仅能在不涉及城市空间结构和用地布局调整的情况下，指导城市园林建设的技术问题；所谓"举步维艰"，即绿地系统规划立足于绿地布局的合理性对城市空间和用地提出优化调整的建议多数时候不可能被采纳，绿线编制通常是完全落实总规和控规的绿地布局，无法发挥对城市空间布局的优化作用，甚至连绿地布局都无法左右。

造成上述被动困境的原因有三个方面：

一是偏低的规划层次和后置的规划程序：绿地系统规划在城乡规划体系中偏低的规划层次和后置于总体规划编制，造成了空间布局的被动，在规划程序上难以协调。

二是专业的委托部门和单纯的技术背景：多立足于园林建设实施视角，技术理论和标准体系整体滞后，同时多由园林专业部门委托，编制人员相对单纯的风景园林专业背景难以实现和规划管理部门的互动协调。

三是稀缺的用地指标和窘迫的空间局限：在我国人均100m²左右的建设用地总规模中，绿地指标总量和占比非常有限，且聚焦于中心城区内部的空间重点，无法解决城市的生态环境问题。

二、能动的实践——《鞍山市生态园林城市建设规划》的编研实践

近年来，中国城市规划设计研究院在城市总体规划的编制中日趋重视多专业协同，风景园林专业以同步独立编制绿地系统类规划的方式参与了贵安新区、广西北海、辽宁鞍山等城市总体规划协同编制。在规划实践中，不断拓展空间层次、丰富技术理论、完善工作程序，推动绿地系统规划编制从园林建设的本位视角向总体规划协同视角的转变。本文以《鞍山市生态园林城市建设规划》的编研实践中两个技术方面的编研探索为例，介绍绿地系统规划支撑协同城市总体规划的相关实践。

（一）规划背景

鞍山位于辽宁省中部，鞍钢集团所在地，是共和国现代工业长子，辽中南工业基地的核心城镇，沈大经济带上重要节点，《鞍山市生态园林城市建设规划》和《鞍山市城市总体规划》编制于2013年同步启动。

（二）对于区域和城市生态空间格局的研究

1. 问题的提出

沈大经济带一线，工矿业用地和城镇建设用地连绵发展的态势非常明显，鞍山主城区北部已经与辽阳主城区接壤，南部沿高速公路和铁路则呈现出汤岗新城城区、腾鳌镇镇区、海城市主城区等一系列城镇空间的连绵发展态势；而主城区建设用地增长势头迅猛，不断拓展蔓延，蚕食山水相依、城景协调的整体格局。因此，总体规划在编制初期，即将区域和城市生态空间格局作为重点问题，提出了"如何认识区域和城镇蔓延的生态影

图1 辽—鞍—海城镇带连绵蔓
延发展示意图
图2 鞍山主城区建设用地空间
增长示意图
图3 鞍山市规划区地貌高程图
图4 生态过程示意图
图5 空间布局理想模式示意图
图6 鞍山市都邑计划图
图7 策略一示意图及城市总体
规划的《区域空间协调发
展示意图》
图8 策略二示意图及城市总体
规划的《规划区功能分区
示意图》
图9 策略三示意图及城市总体
规划的《绿地系统规划结
构图》

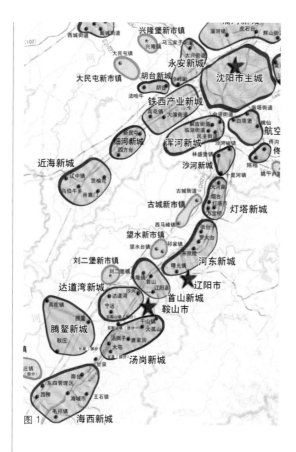

图1　辽—鞍—海城镇带连绵蔓延发展示意图

响，及优化和改善生态空间格局的应对措施"的研究诉求。

2. 辽—鞍—海城镇带绿色生态空间布局模式与策略研究

项目组分析了区域自然地理特征。辽—鞍—海城镇带处于长白山系向辽河平原之间的山前过渡地带，依托海拔的带状分异，在鞍山市域及周边大略可以按照海拔35m和60m的等高线划分为三个地貌带，地势逐渐趋缓。地貌上山区林地植被和生态条件好，是生态过程的源。从生态过程的角度看，山区林地向平原农业区过渡，而河流和山地丘陵是平原、山地间生态流动的主要廊道。工矿业和城镇空间带连绵发展将严重干扰山地和平原间的生态流动。

进而规划研究了在上述地理特征的基础上，城镇和工矿业的理想空间布局模式。伴随长白山系隆起地质构造过程形成的辽东—吉南成矿带是工矿业发展的资源基础，主要分布在低山丘陵区和漫岗丘陵区，因此矿业采掘区域宜集中分布在低山丘陵区；而钢铁冶炼区域需要平坦用地，需要布局在冲积平

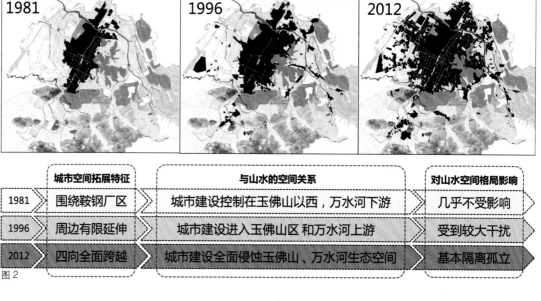

	城市空间拓展特征	与山水的空间关系	对山水空间格局影响
1981	围绕鞍钢厂区	城市建设控制在玉佛山以西，万水河下游	几乎不受影响
1996	周边有限延伸	城市建设进入玉佛山区和万水河上游	受到较大干扰
2012	四向全面跨越	城市建设全面侵蚀玉佛山、万水河生态空间	基本隔离孤立

图2

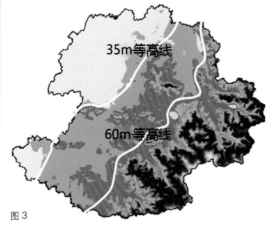

图3

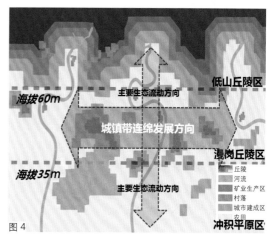

图4

原区；生活居住区域则适合分布在相对平坦又临近山水风景资源的漫岗丘陵区。同时由于该区域冬夏季风的盛行风向平行于山脉走向，带状分布的各区之间环境影响较小，日本侵华时期编制的《鞍山都邑计划》即遵循了依托自然地理和产业特征的三带分异的基本模式。但是在工矿业和城镇建设用地增长的诉求下，这样一个清晰布局模式被打破了，矿业开采四面开花，工业区和生活区交错布局、相互影响，建设用地呈摊大饼式无序扩张。

在上述分析基础上，项目组提出辽—鞍—海城镇带绿色生态空间布局模式与策略。

策略一：依托丘陵、河流、农业地区的布局和城镇间大型绿化隔离地区的建设，防止城镇链状绵延发展，沟通山地平原生态过程。这一策略在总体规划编制初期，得以吸纳和落实。

策略二：三带分异定位，按照理想空间模式优化老城布局，定位新区职能。低山丘陵区发展旅游休闲产业，限制开发规模；漫岗丘陵区以居住生活职能为主导，严控工矿业发展，保护山水格局；冲积平原区合理布局产业用地，逐步削弱降低居住用地比例。这一策略作为定位城市各片区职能的基本理念，为总体规划编制所接受，有效支撑城市功能布局调整和优化，扭转了地方政府长期以来对新城和铁西等城市片区职能和发展定位的模糊认识。

策略三：实施差异化的绿地系统布局与建设策略。漫岗丘陵区依托山水资源，构建自然化的生态网络；冲积平原区重点建设卫生防护绿地，构建人工化的城市绿网。总体规划的城市绿地系统格局即是采用的这一基本策略。

3.鞍山市主城区生态绿地结构布局研究

在主城区层次，项目组从生物多样性保护、工矿业污染防治、山水景观风貌保护等方面入手开展了综合安全格局研究，分析了新增建设用地热岛变化情况，从隔离工矿业污染、保护利用山水自然资源、保障生态流动和城市通风需求、提供多元类型的游憩服务空间的角度，提出了主城区绿地系统布局的理想方案，即圈层相间、绿楔延引、一心多斑的空间结构框架。

上述主城区生态绿地结构布局的研究工作是在城市总体规划用地初步方案之前完成的，并反复多次就建设用地布局和结构性绿色空间布局进行对接协调，成果被总体规划编制系统接受，总体规划用地方案虽然在规划推敲的过程中反复调整，但绿地系统布局的基本结构没有变化。

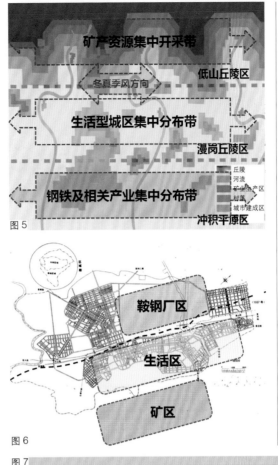

图5

图6

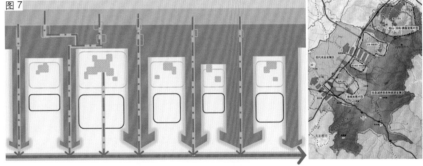

图7

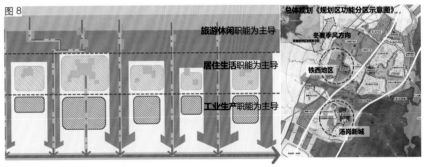

图8

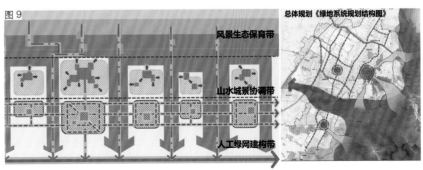

图9

图 10 主城区综合生态安全格局
　　　 分析
图 11 主城区绿地系统布局的理
　　　 想结构图
图 12 鞍山市主城区、新城区、
　　　 采矿区、鞍钢主厂区空间
　　　 关系示意图
图 13 2008 年以来新建、在建、
　　　 拟建的矿山工程建设、运
　　　 营、关停时序图
图 14 冬夏季风条件下，采矿区
　　　 大气污染模拟

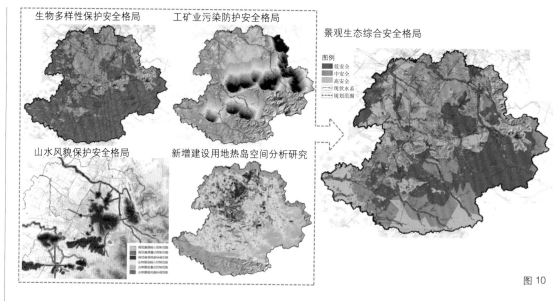

生物多样性保护安全格局　　工矿业污染防护安全格局

景观生态综合安全格局

山水风貌保护安全格局　　新增建设用地热岛空间分析研究

图 10

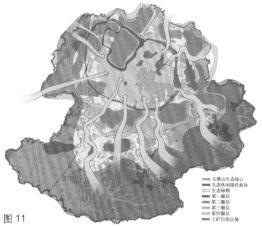

图 11

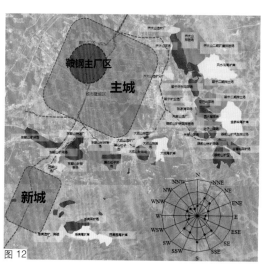

图 12

（三）矿业环境影响治理专题研究

1. 问题的提出

　　鞍山市是重工业城市，铁矿开采加工和钢铁冶炼加工是其支柱产业，鞍山主要采矿区环抱主城布局，造成了严重的大气扬尘污染，主城区每 1km^{2}降尘量达到 24t/ 月，是辽宁省上线标准的 3 倍。总体规划在编制初期提出了"从空间规划角度如何

缓解和治理矿业环境影响"的研究诉求。

2. 矿业环境影响治理专题研究

　　项目组先后多次前往鞍山调研矿山的生产加工和环境影响情况，跑遍了鞍山主城区周边的主要矿区。编制人员对各个采矿项目的建设、运营和关停时序进行了系统梳理后发现，现有采矿项目的开采时间至少都在数十年，作为城市钢铁工业的基础，无法通过简单的关停治理解决环境影响问题。

　　编制人员按照矿山生产流程，对每个采矿生产环节的污染物类型、排放量和环境影响程度进行了深入了解后，发现岩体排放、尾矿排放和球团烧结是大气污染最为严重的三个环节。并进一步与北京气象中心合作，对冬夏季风条件下三个主要污染环节造成的扬尘排放进行计算机模拟研究，研究成果清晰地展示出位于不同方位的采矿项目对城市的环境影响差异巨大。项目组提出将主城区周边的采矿项目根据所处方位，按影响程度划分为中部、东部和南部采矿区，并针对性提出城郊矿业发展的空间策略。其中东部采矿区季风条件下对环境影响最小，原则上按照鞍钢的计划开采；中部采矿区季风条件下对新城区和南部汤岗新城的环境影响最大，应控制矿业布局区域、限制矿业生产方式，逐步转向地下，加大环境治理投入，降低环境影响；南部采矿区对季风条件下对汤岗新城具有一定影响，非鞍钢经营管辖的钢铁业和矿业生产活动应集中整治、逐步关停。项目组提出停止新批露天矿业开采项目、控制工矿业用地布局等规划内容，全面体现在总体规划的空间布局和片区发展指引中。

　　这一研究结论在城市用地布局和采矿区管制方面有力支撑了总体规划编制，作为规划局与鞍钢集团进行规划协调的重要技术支持，促使鞍钢集团做出了对环境影响最大的中部采矿区的采掘

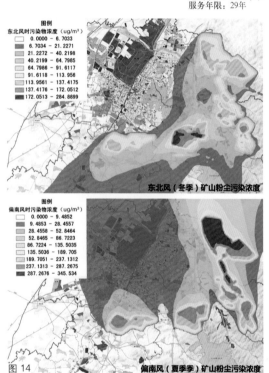

大矿二期开采：
开始实施：2008年
建成年限：2015年末
服务年限：24年

西鞍山采选工程：
开始实施：2014年
建成年限：2019年
服务年限：31年

东矿二期扩建：
开始实施：2008年
建成年限：2015年
服务年限：24年

黑石砬子采选：
开始实施：2015年
建成年限：2019年
服务年限：30年

齐矿二期开采：
开始实施：2012年
建成年限：2017年
服务年限：33年

鞍千二期开采：
开始实施：2012年
建成年限：2016年末
服务年限：34年

张家湾铁矿开采：
开始实施：2014年
建成年限：2017年末
服务年限：30年

西大背铁矿建设：
开始实施：2010年
服务年限：18年

砬子山铁矿建设：
开始实施：2010年
建成年限：2014年末
服务年限：14年

关宝山采选项目：
开始实施：2012年
建成年限：2014年6月
服务年限：17年

谷首峪铁矿开采：
开始实施：2015年
建成年限：2017年
服务年限：45年

眼矿露天转井下开采：
开始实施：2009年
建成年限：2016年末
服务年限：29年

已建成矿山
在建、拟建、改扩建矿山后续矿山建设

图 13

图例
东北风时污染物浓度（ug/m³）
0.0000 - 6.7033
6.7034 - 21.2271
21.2272 - 40.2198
40.2199 - 64.7985
64.7986 - 91.6117
91.6118 - 113.956
113.9561 - 137.4175
137.4176 - 172.0512
172.0513 - 284.8899

东北风（冬季）矿山粉尘污染浓度

图例
偏南风时污染物浓度（ug/m³）
0.0000 - 9.4852
9.4853 - 28.4557
28.4558 - 52.8464
52.8465 - 86.7223
86.7224 - 135.5035
135.5036 - 189.705
189.7051 - 237.1312
237.1313 - 287.2675
287.2676 - 345.534

图 14　偏南风（夏季季）矿山粉尘污染浓度

技改改进和逐步搬迁重污染加工环节的承诺，并纳入总体规划。

在用地层次，项目组进一步与北京气象中心合作，对重点污染源做了污染浓度和污染源距离的函数研究，结合用地条件和相关国家标准，向总体规划提出污染隔离的限制建设范围，如东鞍山矿区至其北侧距离约1.2km的范围内，建议原则上不得布局居住、商业等生活类用地。并针对采矿区周边的各类城乡建设用地，从工矿业搬迁、城市建设控制、村庄建设和搬迁控制方面提出规划指引，以减少城乡建设的违规布局，这些在总体规划的不同层面得以体现。

三、发展的指向——总体规划协同编制视角下绿地系统规划编研发展的技术指向

总结近年来的相关实践，笔者认为绿地系统规划与总体规划协同编制存在多层次拓展、全程化协作、多专业融汇三个方面的技术指向。

（一）多层次拓展

要实现两规协同编制，首先要实现工作空间层次的系统衔接，绿地系统规划要从传统限于中心城区的特点向市域和城市规划区层次拓展研究。在市域和城市规划区层次，应着力于宏观生态环境保育的相关研究，支撑总体规划城镇体系布局和四区划定等规划内容；在城市集中建设区域层次，应着力于城乡绿色生态网络的构建，支撑总体规划确定中心城区发展方向和新增建设用地选址，优化空间结构；在中心城区建设用地范围层次，应着力于绿地

的景观、游憩、防护综合功能的实现。

（二）全程化协作

要实现两规协同编制，绿地系统规划编制需要在各个工作阶段找准发力点，支撑总体规划编制发现问题、研究问题和协调问题。

（三）多专业融汇

要实现两规协同编制，绿地系统规划编制需要融汇吸收相关专业的理论、技术和研究成果，才能不断提升科学编制水平，将自身塑造为总规编制的专业性平台和过程性平台，提升技术支撑能力和规划博弈能力。

图 15 总体规划的《城市发展片区指引图》
图 16 东鞍山北侧污染控制线示意图
图 17 绿地系统规划与城市总体规划全程协同示意图

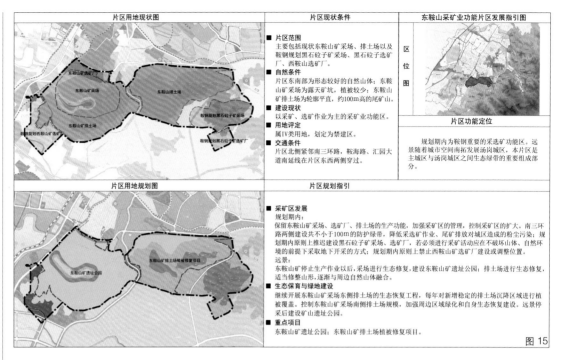

片区用地现状图	片区现状条件	东鞍山采矿业功能片区发展指引图

片区现状条件

■ 片区范围
主要包括现状东鞍山矿采场、排土场以及鞍钢规划黑石砬子矿采场、黑石砬子选矿厂、西鞍山选矿厂。

■ 自然条件
片区东南部为形态较好的自然山体：东鞍山矿采场为露天矿坑，植被较少；东鞍山矿排土场为轮廓平直，约100m高的尾矿山。

■ 建设现状
以采矿、选矿作业为主的采矿业功能区。

■ 用地评定
属Ⅳ类用地，划定为禁建区。

■ 交通条件
片区北侧紧邻南三环路，鞍海路、汇园大道南延线在片区东西两侧穿过。

片区功能定位

规划期内为鞍钢重要的采选矿功能区。远景随着城市空间南拓发展汤岗城区，本片区是主城区与汤岗城区之间生态绿带的重要组成部分。

片区用地规划图	片区规划指引

片区规划指引

■ 采矿区发展
规划期内：
保留东鞍山矿采场、选矿厂、排土场的生产功能，加强采矿区的管理，控制采矿区的扩大。南三环路两侧建设不小于100m的防护绿带，降低采选作业、尾矿排放对城区造成的粉尘污染；规划期内原则上推迟建设黑石砬子矿采场、选矿厂，若必须进行采矿活动应在不破坏山体、自然环境的前提下采取地下开采的方式；规划期内原则上禁止西鞍山矿选矿厂建设和调整位置。
远景：
东鞍山停止生产作业以后，采场进行生态修复，建设东鞍山矿遗址公园；排土场进行生态修复，适当修整山形，逐渐与周边自然山体融合。

■ 生态保育与绿地建设
继续开展东鞍山矿采场东侧排土场的生态恢复工程，每年对新增稳定的排土场沉降区域进行植被覆盖。控制东鞍山矿采场南侧排土场规模，加强周边区域绿化和自身生态恢复建设。远景停采后建设矿山遗址公园。

■ 重点项目
东鞍山矿遗址公园；东鞍山矿排土场植被修复项目。

图15

污染控制线：东鞍山矿区至其北侧距离约1.2km的范围内，建议原则上不得布局居住、商业等生活类用地。

图16

四、结语

2013年12月19日召开的中央城镇化工作会议指出："要依托现有山水脉络等独特风光，让城市融入大自然，让居民望得见山、看得见水、记得住乡愁。"绿地系统规划作为城乡规划体系里最能体现这一理想的规划类型，和总体规划的协同编制则是充分实现其技术理念，最终实现这一理想的重要路径。

项目组成员名单
项目负责人：吴 岩 刘宁京
项目参加人：孙培博 王玉圳 齐莎莎 秦晓川
　　　　　　贺 翔 朱 敏 周 正

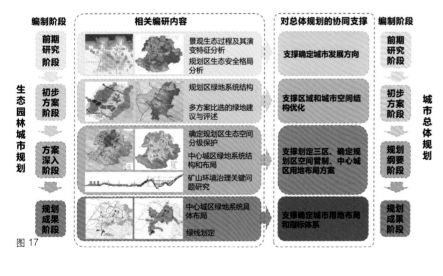

图17

秦岭国家植物园植物迁地保护区控制性详细规划

上海复旦规划建筑设计研究院

一、项目概况

（一）秦岭国家植物园

秦岭国家植物园是由陕西省政府、国家林业局、中国科学院、西安市政府联合共建的国家级特大型综合植物园。是立于国家战略利益高度做出的一项重大决策。其建设已列入陕西省、西安市"十二五"发展重点项目规划和全省林业、全省旅游"十二五"专项规划。秦岭国家植物园建在秦岭主体最具精华的部分，总面积 639km²，落差 2000 多米。其是世界上面积最大、植被分带最清晰、最具自然风貌的植物园，也是我国第一个国家级植物园、陕西最具潜在价值的绿色品牌。

（二）秦岭

秦岭乃华夏龙脉所在，是我国 11 个具有全球意义的陆地生物多样性保护的关键区域之一。中国山脉分布以一带三弧为主要结构，一带是秦岭，三弧者在北为蒙古弧，在南为华南弧，在西南为藏滇弧。由于秦岭阻隔了南方温暖湿润气候的北进和北方干燥寒冷气候的南下，造成秦岭南北截然不同的自然面貌。秦岭是我国南北自然环境的天然分界，是暖温带半湿润季风气候与北亚热带湿润季风气候的分界线，是黄河水系与长江水系的分水岭，是动物、植物区系过渡地区，是东亚动物区系东洋界和古北界的交会地。秦岭主峰太白山 3767m，秦岭国家植物园园区海拔从 480m 延伸至 3000m，由北向南依次为平原、丘陵、低山、中山和高山五种地貌单元，形成了一个完整的立体生态系统。地形、坡度、坡向、土壤、雨量、温度等生态因素变化无穷，生态环境的多样性为多种生物繁衍生息创造了适宜的场所，加之秦岭主峰线是第四纪冰川活动期间动植物的避难所，存留有大量热带生物和热带生

图 1　秦岭国家植物园鸟瞰图

图 2　技术路线

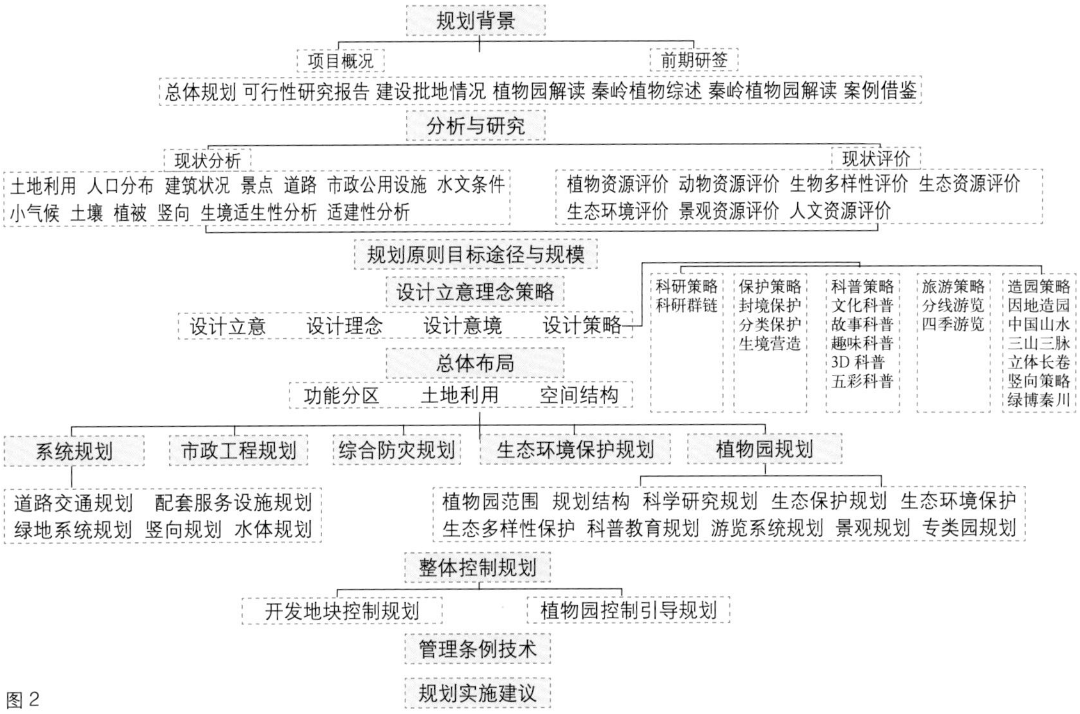

图 2

物的孑遗种，生物多样性十分丰富，被誉为"生物基因库"。秦岭在研究全球环境变化和生物多样性保护方面具有不可替代的重要作用。

（三）项目概述

本次控规内容为秦岭国家植物园植物多样性迁地保护区，面积 5km²，是秦岭国家植物园四大分区之一（植物迁地保护区、动物迁地保护区和历史文化保护区、复合生态功能区和生物就地保护区）。项目基地现状地形高差较大，场地标高范围在 480m 至 680m 之间。整个场地分为西北部平地和东南部丘陵两部分。本次规划利用地形类型丰富的场地优势，在研究场地因子、植物特性的基础上进行专类园布局，依据不同场地特性营造相应的景观游赏空间。

总规划总体形成 18 个专类园、2 个特色植物园、3 个特色植物区的格局和"两区两园两带、三山三脉三沟"的空间结构。

（1）两区两园两带——基地规划大致以秦峪路为界，形成植物园区及利用区两大板块。

植物园区：秦峪路以南，包含西侧的中国暖温带森林文化博览园及东侧的植物园。

利用区：秦峪路以北，主要由现有的村庄及开发地块构成。

（2）三山三脉三沟。场地现状天然形成三道沟——由东向西依次为安沟、花园沟、清水沟——以及三道山梁，结合三道自然山脊，种植三道具有地理分界意义的特色植物。天然特色结构对应

游览主题，选取具有各自代表性且可在秦岭地区生长的植物来营造，体现世界一级植物园的全球视野范畴。

二、项目特点

（一）植物园如何做控规

植物园这一特殊类型的项目如何以控规形式进行规划控制引导，是本次项目最大难点之一，对此进行的探索创新也同时形成了项目的特点、亮点。

（1）技术路线创新

首先是项目思路框架的创新，在分析归纳植物园特点的基础上，以控制性规划的思路方法，针对植物园的重要因素进行规划。

（2）图则导则创新

在通常控规体系基础上，创新设计专类园图则，控制性与引导性并举，形成相应不同类型的图则形势。

（3）用地分类创新

依据《城市绿地分类标准》CJJT85—2002，对城市用地 G 绿地与广场用地下的 G1 公园绿地结合植物园的特殊性进行了分类，整合出一套既符合标准，又可较清晰地表达植物园规划内容的适用于植物园的用地图。包括：植物园用地：对应土地利用规划中的 G1 公园绿地，并按植物园的特殊性，细化为 G11 专类园绿地、G12 植物园特色园、G13 广场附属绿地、G14 植物园其他绿地。

图 3　项目用地权属图

图3

（二）中国国家植物园如何做出特色

从设计立意、设计理念、设计意境、设计策略四方面进行营造。

1. 设计立意——绿博秦川

通过对秦岭资料的学习、归纳，将秦岭有形物种资源与无形精神上博纳的特点加以提炼，遵循绿色可持续发展原则，贯穿营造秦岭特色秦川空间的思路，提出"绿博秦川"设计概念。

（1）宏基伟业。在秦岭的荫庇下，秦王朝不但完成了中华统一的春秋霸业，更奠定了中国两千多年"以农为本"的社会基础，开创了中华农耕文化的第一个高峰。

（2）山佑汉脉。在巍峨的秦岭之中，汉王朝奠定了中国辽阔的版图，此外，沿着一条条秦岭古道，造纸术等中华文明，更是穿越千年时空留传后世。

（3）盛世佛音。莽莽秦岭之中，佛教在唐朝完成了它与中国传统文化的高度融合，谈起中国文明，后世人每每神往的是大唐王朝，而佛教文化便是盛唐文明尤为绚丽的一朵奇葩。

（4）高山仰止。老子的《道德经》在秦岭著成，从这里流传，而以《道德经》为核心的道家思想与儒家思想亦成为中国古代思想文化史上的两座并峙高峰。

（5）文明发源。从秦岭流淌而出的河流浇灌了中国十三个封建王朝，又承载着今天"南水北调"

的使命，牵系着中国的未来。

（6）生息与共。秦岭密林深处，熊猫等珍稀动物在此自由地生活着，秦岭深处的洋县是地球上唯一的朱鹮巢地，这里不但被称为野生动物的乐园，也被国际最大的自然保护组织——世界自然基金会称为全球第 83 份"献给地球的礼物"。人与自然和谐相处的思想在这里得到了最好的彰显。

（7）秦风雅颂。从李白的《蜀道难》到白居易的《长恨歌》，从王维的《辋川图》到山水田园诗派，面对秦岭，历代才子或挥笔豪放，书写秦岭的雄浑、奔放，或淡雅、内敛，抒发自己对秦岭山水的感悟。

2. 设计理念——山水圆融

山水文化是中国传统思想的体现，山水是中国传统造园的重要元素，体现基本的造景理念。山决定场地的骨架，水营造场地意韵，山因水活，水随山转，山水相依，相得益彰。本次规划设计的场地位于秦岭脚下，两河之间，是具有天然优势的山水良所。规划中各个体系都遵循并以场地的山水体系为设计主脉。在具体空间设计时保护山水环境中的植物态势，使用本土的植物来模拟自然群落，运用地理区域的生态环境和生态因子条件来规划设计植被，按照自然条件来发展，保持自然本色，不但可使植物群落健康地发展，而且也具有自然生态赋予的地方特色。规划尽可能地为植物自然生长演替提供适宜的条件，以便使人工营造的植物群落能够在当地自然条件下协调、持续地繁衍生息，最终达到"山水圆融"的和谐境界。

3. 设计意境

西方植物园缘起于5～8世纪西方修道院庭院，从1544年最早在意大利建立的比萨（Pisa）植物园算起，尚不足500年，早期多为草药园、大学教学园。中国植物园的雏形，缘起于汉代帝王林苑，集名果木、奇花卉、也有草药圃等形式。1920年代以后从欧洲留学回国的学者们按照英、法构思建立植物园；但本项目作为世界一流的中国国家植物园，应立足当前，放眼未来，注重"中国意境"的表达。

并据此思路提炼概括出两句植物园宣传语，用于后续宣传：

首阳空谷，古道幽兰，蘼芜不见，精神家园。

谷幽云来秦岭秀，林密花醇植园春。

4. 设计策略

（1）科研策略

发挥植物园较强的综合性、边缘性、长期性的优势，发掘有用植物，使之形成新产业；转化自身资源科技成果优势形成科研产业链群；促进生态效益、社会效益 经济效益的统一。

（2）保护策略

封境保护：分区控制人为因素进入度；整片保护防止片段化生境丧失；调整群落结构控制入侵及竞争。

迁地保护：通常植物园现行的活植物收集形式，是从利用目的出发的导向栽培模式，我们应以动态发展思路改进保护形式。将物种组成群落整体种植；将活植物收集圃与天然植被布置成镶嵌式；将收集的活植物安插在天然林中使两者相互沟通。

生境营造：梳理现状水资源，保证充足供水优化灌溉；夏季疏导热谷，降温生风，冬季防风，围合休憩环境 同时考虑山体泄洪和雨水收集以及划分区域营造景观。

（3）科普策略

文化科普：结合植物古诗传说，增加趣味性知识，深化记忆，方便传播。

3D科普：将科普内容进行现代化的科技传达，以科技方式增强体验和互动的深度。

趣味科普：游戏中进行科普，将植物园作为科学与大众之间的趣味桥梁。

五彩科普：局部区域按植物颜色种植，同种颜色强化景观效果，结合中国颜料名称加深记忆。

（4）旅游策略

全景之旅：为大众游客设计的线路，包括所有

植物园重要景点和场馆，起到普及植物常识、激发科学兴趣的作用。

深度体验之旅：包括所有重点场馆及具有科学研究价值的专类园区，为相关科研人员提供学习、研究的场所。

园景摄影之旅：为摄影爱好者设计的线路，重心为园区代表性场所，选择视野开阔的高地，景致独特的园区，以体现植物园特色为重心。

（5）造园策略

因地造园：充分依据自然山水形式，更好地利用和保护山水环境，营造别样的山水园林；从普通的平面游园改变为纵向游园，加大山水游园的趣味性。山顶作为标志点，以廊台点景；山脊设特色区，以种植加以点缀；山腰分布色叶林，四时有景；山脚建设专类园，相互衔接蔓延；沿水设水生植物专类园，形成演替序列精品园带；秦峡路以北西部平地为功能片区，作为城市过渡。

立体画卷：结合山体高程及植物的乔灌草高度，强化有过渡感、序列感的立体景观效果。

三山三脉：结合三道自然山脊——秦岭、阿尔卑斯山、洛基山，种植三道具有地理分界意义山脉的特色植物。天然特色结构对应游览主题，选取具有各自代表性且可在秦岭地区生长的植物来营造，体现世界一级植物园全球视野范畴。

绿博秦川：因地制宜的主题结合现状"川"字形空间，体现植物园的兼容博纳。

三、结语

本项目立足于把秦岭的生态类型、动植物区系和种类在园中高度浓缩，把有关秦岭动植物的历史和文化在园中集中展示，把秦岭中的生物资源在园中集中保存与保护，利用现代高新技术建成一个集生物资源保护、旅游观光和科学研究为一体的国家温带地区生物多样性研究和保护基地，使之成为中国科学院国家植物园网络中的重要一员。

项目组成员名单

项目负责人：陶机灵　刘轩妤

项目参加人：李　颖　孙莉玲　李许钰　刘亮宇
　　　　　　李　林　钱　进　赖益萌　何　辉
　　　　　　王魏巍　赵　金　杨　州　邵　轼
　　　　　　景亚威　武化柱　姚晓文　刘　旭
　　　　　　蓝仁伟　杨天翔

项目演讲人：刘轩妤

新疆玛纳斯国家湿地公园总体规划

中国城市规划设计研究院 风景园林和景观研究分院／丁　戎　白　杨

一、项目背景

玛纳斯国家湿地公园位于新疆维吾尔自治区昌吉州的玛纳斯县，距离乌鲁木齐约 130km。它位于天山和博尔般通古特沙漠之间，是沙漠边缘的绿洲湿地，对区域的生态安全格局有重要的重用。

湿地是在天山北坡典型的地貌条件下形成，天山雪水融化，流经戈壁，流出山口后形成洪积冲积扇，在玛纳斯绿洲地区形成了一条狭长的泉水溢出带，20 世纪 60 年代前后，由于农业开垦的需要，开始在这一泉水溢出带修建水库。在这个地区形成了非常丰富的湿地类型，包括芦苇遍布的水库湿地典型景观、优美的河流湿地景观和秀丽的鱼塘湿地景观，还有一些其他的滩涂景观、灌溉用渠湿地景观等等。

（一）湿地公园的重要性

1. 代表性

玛纳斯国家湿地公园是新疆河流及水库型湿地的典型代表，在中国乃至世界干旱半干旱地区湿地中具有代表性。对新疆乌鲁木齐 - 昌吉 - 石河子城市圈，乃至整个新疆地区水生植物多样性的保护均有举足轻重的作用。

2. 稀有性

玛纳斯国家湿地公园是国际公认的八条鸟类迁徙线中三条的交汇点，也是鸟类翻越沙漠和天山必经补给点，已被纳入中国重要湿地名录、亚洲重要湿地和重点鸟区名单，是众多濒危易危鸟类的重要栖息繁衍地和庇护所。

3. 脆弱性

玛纳斯国家湿地公园是沙漠边缘的绿洲湿地，对水资源的依赖程度极高，生态系统极其脆弱，易受到人为干扰。由于近年来新疆城镇化的快速发展，

玛纳斯湿地面临如生态用水的短缺、工业废气废水的污染、农业耕种的侵占等危机。这些危机，严重影响了玛纳斯湿地的生态平衡，给湿地植物和鸟类带来了致命的威胁。

（二）湿地公园的规划背景

湿地公园的生态重要性和其面临的危机得到了

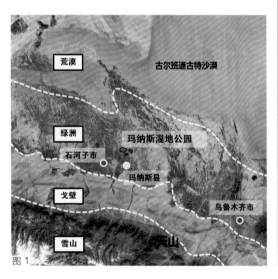

图 1　玛纳斯流域地貌单元
图 2　玛纳斯湿地地形地貌图

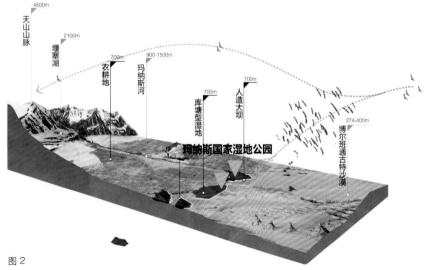

图 2

图 3 总平面图
图 4 历年湿地出现图
图 5 湿地出现频率叠加图
图 6 鸟类空间分布图
图 7 土地适应性评价图
图 8 空间结构

自治区主要领导的高度重视，特邀请中国城市规划设计研究院编制《新疆玛纳斯国家湿地公园总体规划》，同时启动与该规划相匹配的《玛纳斯县城市总体规划（修编）》，综合统筹区域生态保护和湿地周边的城乡发展。

中规院接到规划任务后，组织编制了生态环境保护、水资源配置、动物多样性、植物多样性、旅游发展五个专题，作为规划编制的科学依据，形成系统完善的规划编制成果。

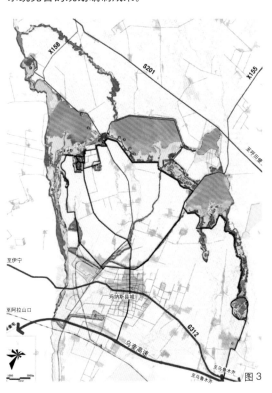

图 3

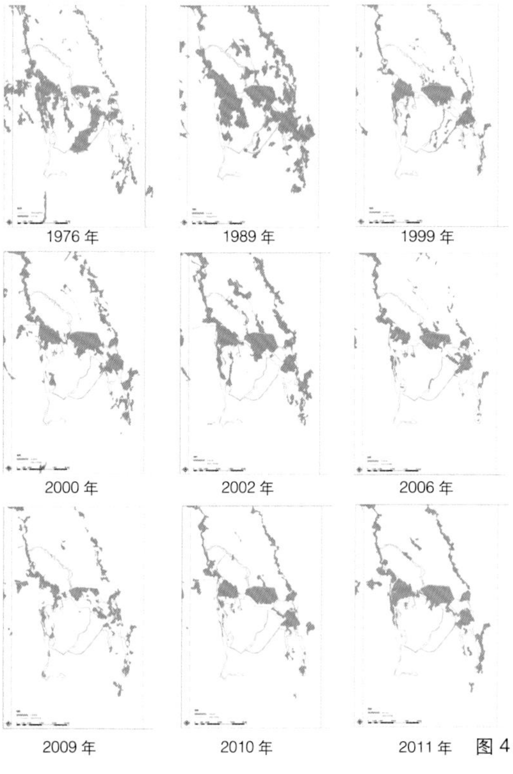

1976 年　　　1989 年　　　1999 年

2000 年　　　2002 年　　　2006 年

2009 年　　　2010 年　　　2011 年　图 4

项目编制的目标旨在通过对面积达 110km² 的玛纳斯湿地公园进行规划研究，探索解决新疆天山北坡湿地保护及生态恢复的途径，形成天山北坡湿地公园的规划范本。

二、技术路线

本规划在科学认知玛纳斯湿地公园的各项生态要素的基础上，协调区域生态和城市的发展，合理划定湿地公园的范围、功能分区和制定保护管控措施，形成整体保护、局部点状展示的空间格局。

（一）科学认知是基础

规划对玛纳斯湿地的形成和湿地类型进行了详细分析，对湿地中的生物多样性、水文特征等方面进行了定量研究，对鸟类、珍稀湿地植被的空间与时间分布进行了总结归纳，为下一步的生态保护与恢复提供了科学基础。

（二）系统保护是核心

规划通过科学地划定湿地保护范围及功能分区，提出专项保护和恢复体系以对湿地进行系统保护。

在划定湿地保护范围上，通过选取特定年份的遥感数据，并对地表覆被的遥感分析，得到九个标准年同一季节出现的湿地范围，并进行叠加，获得

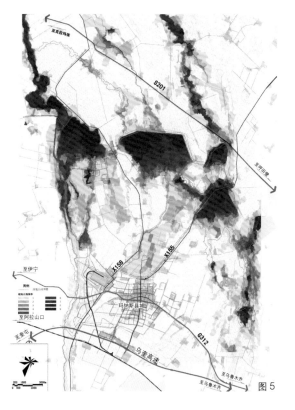

图 5

湿地出现频率叠加图，结合现状土地利用得出可能恢复成湿地的区域、生态联系通廊及湿地关键性资源，科学合理地划定湿地的整体保护范围。

划定范围后，规划在生态敏感性分析、分区综合评述的基础上，对湿地进行五个功能分区：生态保育区、生态恢复区、科普宣教区、管理服务区和合理利用区，对每个区提出管控要求。其中生态保育及生态恢复区的面积占到整个湿地公园面积的90%。

另外，规划还提出了水系、珍稀植被、鸟类栖息地的保护和恢复体系，形成了湿地生态恢复的九大工程，如在鸟类隐蔽场所生态恢复中规划深水区供游禽栖息，开阔水域供涉禽栖息，建立鸟类栖息岛屿，为鸟类提供隐蔽的繁殖和栖息场所，加强湿地系统空间联系。

（三）科学的展示是延伸

规划制定了一环、一核、两翼多点的空间结构，形成了沿湿地外围的半环状游赏主路。在局部湿地敏感度较低、景观价值较高的区域进行低扰动湿地科普与展示，结合现状道路规划少量游步道，在局部规划简单的观鸟点。规划范围内的各类设施均采用自然乡土的可持续的材料，减少对湿地生态环境的破坏。

三、规划内容

本规划以湿地保护与恢复为重点，以展示湿地生态功能为宗旨，以体现当地文化为特征，将玛纳斯湿地建设成为独具地域特色、湿地生态资源丰富、自然环境优美、乡土景观质朴的国家湿地公园。

（一）湿地保护与恢复

新疆玛纳斯国家湿地公园规划编制以保护湿地的生物多样性、湿地生态系统的连贯性、湿地环境

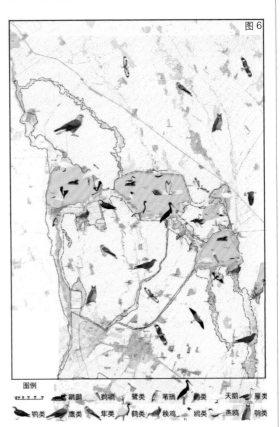

图6

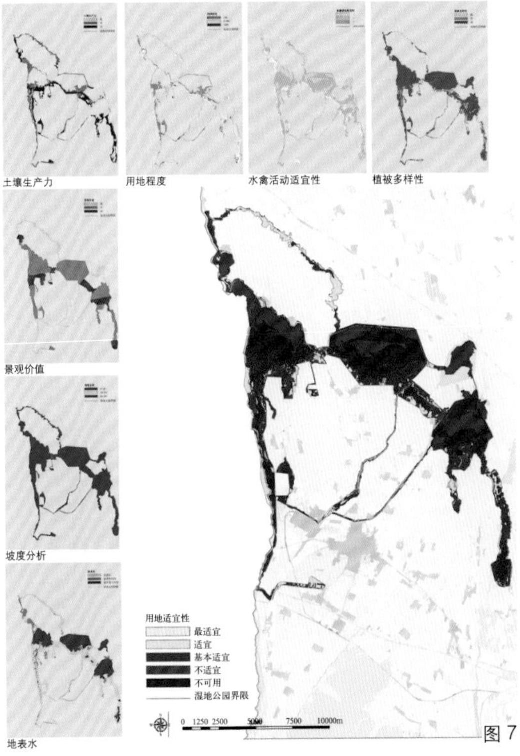

图8

图7

JianGong-FengJingYuanl

图9　功能分区图
图10　新户坪平面
图11　新户坪鸟瞰
图12　夹河子平面
图13　夹河子鸟瞰
图14　小海子村平面
图15　一级管控区
图16　二级管控区

的完整性、湿地资源的稳定性为根本出发点，生态保护规划贯穿于规划的每个环节、每个细节之中，包括水系和水质保护、水岸保护、鸟类生境保护、植物保护、文化保护等。并针对湿地的现状，制定了水体恢复、植被恢复、鸟类生境恢复等等规划。通过一系列生态重点工程建设对玛纳斯河湿地公园的生态环境进一步优化，发挥公园的生态功能，提升公园的整体形象。

（二）功能分区

公园功能区规划为五个大区：①管理服务区；②科普宣教区；③生态恢复区；④生态保育区；⑤合理利用区。

科普宣教区分为新户坪科普宣教亚区和夹河子生态低扰动科普宣教亚区。合理利用区分为塔西河上库水上游赏区、小海子生态农业旅游服务区和下八家户塞外渔村体验区三个亚区。

根据各个分区的性质，提出相应的管控要求及设施建设要求。生态保育区实行最严格的管理规定对公众游客不予开放，最大限度让湿地进行自我修复。但在生态保护区可进行科学研究，如气象、鸟

类、植物、普查，禁止开垦和养殖。生态恢复区常年有湿地存在，但季节性较强，部分季节成为荒滩或盐碱地，受农田垦殖的威胁较大，为恢复湿地的生态系统功能，通过调节水位、退耕还林、限制游人进入等措施，逐步恢复湿地的自然状态。科普宣教主要是展示湿地生态系统、生物多样性和湿地自然景观，开展湿地科普宣传和教育活动。两处管理服务区，分别位于夹河子科普宣教区和新户坪科普宣教区外侧，为湿地公园提供管理服务用地，重点服务两个湿地科普区。合理利用区主要开展与湿地相关的游赏活动。

（三）科研监测

设立玛纳斯国家湿地公园科研监测中心，加强湿地公园的科研监测工作建设，培养和引进专业人才，建立合理的科研管理体制。设立合理利用监测区、居民活动干扰、鸟类栖息地监测区、生态演替监测区四个监测区，建立水环境动态监测点、水文监测点、地下水监测点、空气环境监测点、声环境监测点、底泥与土壤环境监测点、人类干扰监测点、外来物种监测点、鸟类监测点，并建立"湿地

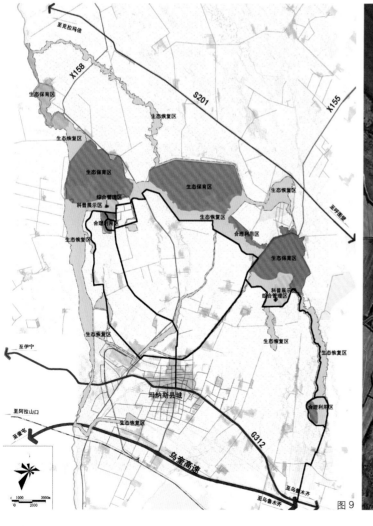

图9

图10

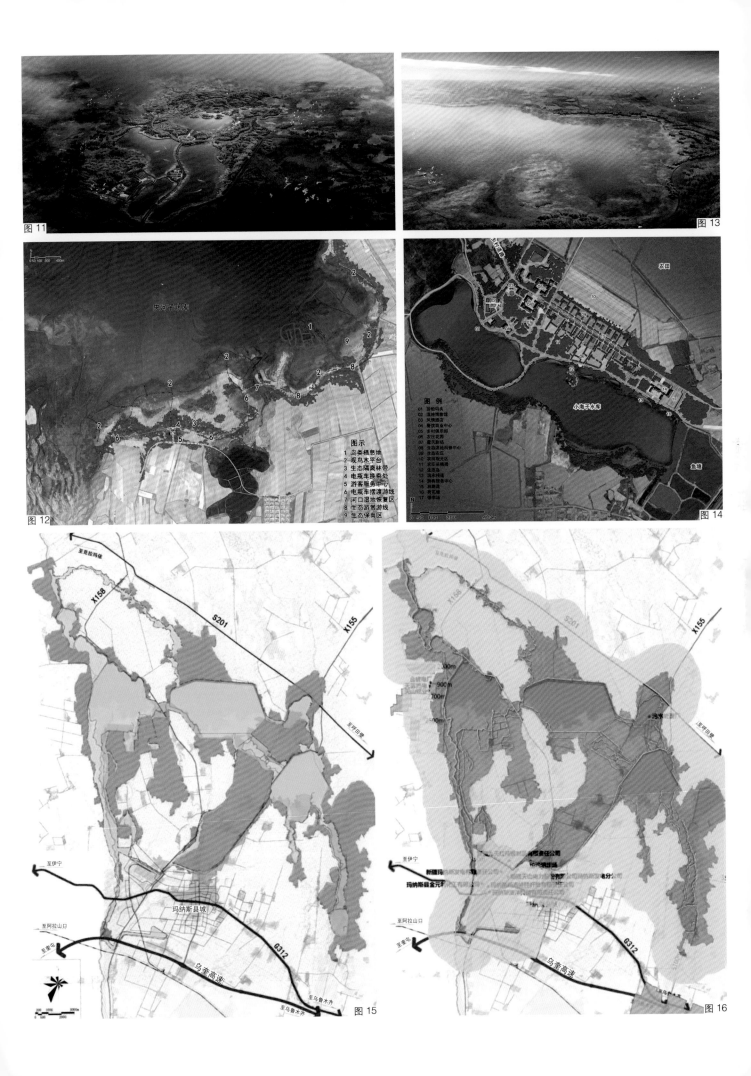

图11

图13

图12

图示
1 鸟类栖息地
2 观鸟木平台
3 生态隔离林带
4 电瓶车换乘处
5 游客服务中心
6 电瓶车摆渡游线
7 河口湿地恢复区
8 生态游赏游线
9 生态保育区

夹河子水库

图14

图例
01 游船码头
02 温地博物馆
03 风情源店
04 餐饮俱乐部
05 乡村俱乐部
06 农业花园
07 爱鸟剧场
08 湿地湿地科普中心
09 生态农庄
10 农耕体验区
11 农家采摘园
12 生态岛
13 渔水传说
14 游船服务中心
15 丝路港
16 荷花塘
17 停车场

小海子水库

农田

鱼塘

乡村道路

图15

至克拉玛依

X158

S201

X155

至呼田寨

至伊宁

至阿拉山口

至奎屯

玛纳斯县城

G312

乌奎高速

至乌鲁木齐

图16

至克拉玛依

X158

S201

X155

至呼田寨

至伊宁

至阿拉山口

至奎屯

G312

乌奎高速

第一年　　　　第二年　　　　第三年

图17　退耕还湿（第一年到第三年）生态效果
图18　生态效果一
图19　生态效果二

图18

图19

数据库"，对各个监测点的所有监测设备进行控制联系，通过远程控制系统开展湿地科研监测工作。

（四）科普宣教

营建玛纳斯国家湿地公园湿地中心，建设目标是使其成为中国干旱地区湿地博览园和以湿地为主题的科普教育中心。展示馆采用室内和室外结合展示的方式，室内有湿地认知、湿地动植物、玛纳斯河湿地旅游、玛纳斯河湿地的文化发展、湿地现状问题、湿地可持续再生、人水和谐理论、报告阅读区、多功能视听室、试验活动区10个展厅，室外有湿地科普园、湿地演替展示园、水体净化展示园、湿地植物园、盐碱植物园、湿地探索园等湿地科普与体验场所。

（五）社区共管

强调社区参与，兼顾小海子村等周边地区居民的利益，引导居民开展生态农业旅游接待活动，保留村庄周围的农田推行生态农业，维护乡土景观。

四、创新点

（一）生态规划与城乡规划协同编制

玛纳斯国家湿地公园总体规划与玛纳斯县城总体规划同步编制。作为县城总体规划的规划编制依据，湿地公园总体规划对城市的拓展方向提出建议，协调县域工业园区布局。并在湿地公园周边形成与城市交通网衔接的绿道游憩网络。通过两级管控区协调湿地周边的土地利用。其中一级管控区对农业、城市建设进行管控，二级管控区对城市工业用地布局进行管控。

（二）保障湿地生态用水

玛纳斯湿地水资源面临多级管理、四方争水、人与自然争水等问题，这些问题使湿地在降水量最多的季节仍然处于缺水状态，并对鸟类的生存繁殖有较大的干扰。

为解决该问题，规划通过科学计算湿地公园生态用水量及所面临的水量缺口，由新疆维吾尔自治区层面出面与新疆建设兵团协调，自上而下地建立玛纳斯流域的分水协调机制，确保湿地生态用水，指导水库的合理水位调节，在5月、6月和8月、9月的关键植物发芽期进行生态补水。

（三）有效地保护核心动植物资源

将航片分析得到的水位变化最剧烈的范围、鸟类集中的滩涂区域及泉眼区域规划为生态保育区，在该区域实施最严格的管控，为白头硬尾鸭、乌拉甘草等珍稀动植物提供适宜的栖息地。此区域须经特殊批准，才能进入从事科学研究活动。

项目组成员名单
丁　戎　白　杨　王忠杰　贾建中　束晨阳
莫　雁　王巍巍　魏　巍　林　昱　刘圣维
刘　华　顾晨洁　周飞祥　李　阳

昆明滇池西岸湿地公园修建性详细规划

中国美术学院风景建筑设计研究院郑捷所

一、项目概述

滇池西岸湿地公园位于昆明西山山脚，北起大坝路，南至海口大桥，总用地面积 329hm²。这里山水人文底蕴深厚，从滇池历史记载的风貌看，大观山逸海阔、中观水岸苍秀、微观园林别业清幽是其典型特征。同时，西岸湿地处在全球候鸟迁徙线上，具有发展较高水平动植物多样性的潜力，但目前湿地受到人为干扰，也面临着湿地生态退化、植被单一、土壤污染、水体污染、噪声污染等一系列生态问题。

二、现状分析

场地紧邻高海高速公路及其辅道，对外交通以陆路为主，西向交通等级偏低，北侧出入的交通咽喉限制明显。湿地各地块中，从接入湿地的道路等级、接口数量和接口方式来判断湿地的通达性，西华地块交通最为便利，富善以南地块相对较差。

这里山水人文底蕴深厚，紧邻西山有众多的寺观园林、名人故居、绝壁洞窟和三月三等民俗庙会活动。另外西侧山谷中分布着西化村、古莲村、观音村等保存相对完好的传统村落，部分村落还是少数民族聚居村，极具地域特色。湿地内有龙门段的周培源故居、金线泉井、晖湾观日，有富善大鼓浪的渔舟栖泊，有西华小鼓浪的渔人聚居，此外还有如来寺、土地庙、观景亭等，主要分布在北段。

基于现状环境条件，从生物多样性、自然特征的代表性和稀缺性、受到人为干扰和污染的程度来看，湿地北段的生态基础较好。

景观上，现状整体呈现北山陡峭丰厚，南山逶迤苍莽；近岸曲折婉转，远水烟波浩渺；山水若即若离，幽谷田园相间的特征，且形成了多个观山看水的视点。

用地上，规划通过对滇保条例限制、农保田限制和景观价值资源保护三大用地限制条件的梳理，进行了建设用地适宜性评价。

图 1 湿地公园范围
图 2 滇池老照片
图 3 古莲村
图 4 西山龙门景点
图 5 场地现状一
图 6 场地现状二

图例
湿地公园范围

图 1

图 2

图 3

图 4

图 5

图 6

三、定位研究

从功能和风貌两个层面，根据湿地公园建设的要求、昆明城市发展的需求以及周边湿地建设情况，还有对滇池历史风貌特征、现状生态环境特征以及所属湿地分类及景观特征的认识，提出对滇池西岸湿地公园的整体定位：是维护城市生态系统、改善城市生态环境，以山水文化为引导，以高原湖泊及水塘、林泽湿地风景为典型风貌，集科学研究、科普教育、自然游赏、人文体验、休闲度假等多功能复合的综合型湿地公园。

四、总体构思

湿地公园规划遵循保护优先、科学恢复、合理利用、注重文化、山水互动、可持续发展的原则，

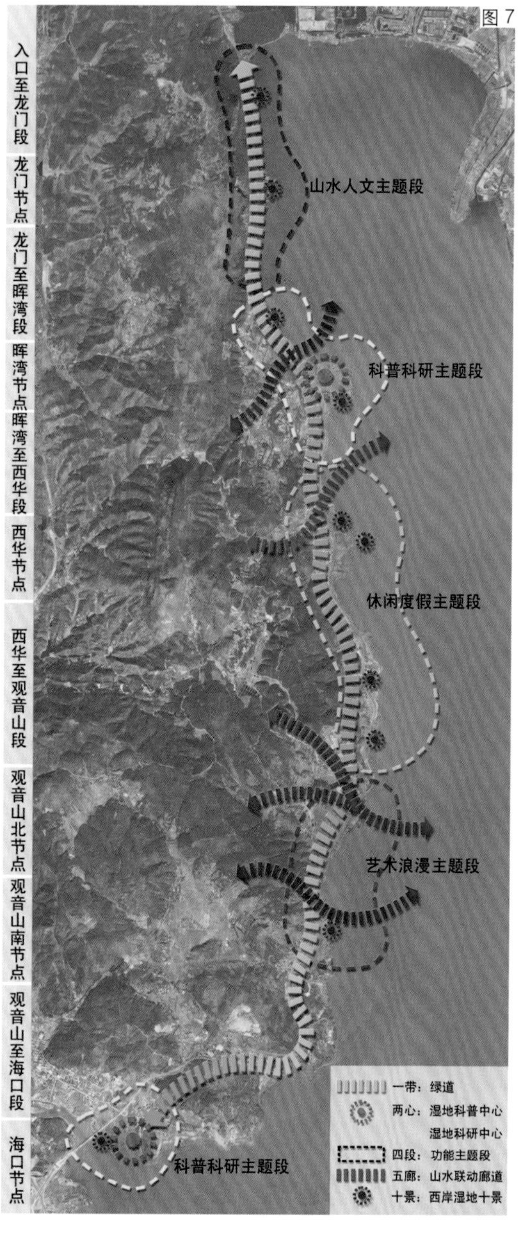

图7

山水人文主题段

科普科研主题段

休闲度假主题段

艺术浪漫主题段

科普科研主题段

入口至龙门段 龙门节点 龙门至晖湾段 晖湾节点 晖湾至西华段 西华节点 西华至观音山段 观音山北节点 观音山南节点 观音山至海口段 海口节点

一带：绿道
两心：湿地科普中心 湿地科研中心
四段：功能主题段
五廊：山水联动廊道
十景：西岸湿地十景

打造一个有记忆、有标准、有文化、有体验的湿地公园。

经过规划，园区呈现"一带、两心、四段、五廊、十景"的布局结构。一带为贯穿湿地南北的生态绿道，两心为湿地科普和科研中心，四段分别为山水人文、科普科研、休闲度假和艺术浪漫四大功能主题区段，五廊为连通拓展区和湿地公园的五条生态廊道，十景为湿地公园的十大题名景点。

另外，从国家湿地公园科学管理的角度，功能分区又可分为保育恢复区、宣教展示区、合理利用区和管理服务区。其中保育恢复区为控制游赏活动的区域，占总用地的35%。

湿地公园的土地利用思路为：基本农田严格原地保护；一般耕地控制总量平衡，因地制宜，低洼地尽量恢复作为湿地；现状典型生态景观用地就地保护利用；建设用地主要分布在滇池保护界桩线以西；滇池保护界桩线以东以生态绿地为主，少量配置公园小型基本配套设施。经规划，湿地公园的湿地率在50%以上。

五、分段规划

基于场地资源现状和定位要求，从公园七大段湿地的保护利用关系看，富善、海口段强调以生态环境保育恢复为主，大部分区域控制人流进入。龙门段、七十郎段和观音北段强调少量的利用，西华段和观音南段有相对一定强度的利用。

1. 龙门段

以人文景点游赏、轻茶餐、垂钓等功能为主，整体景观利用温泉资源，形成层次分明、秋色绚烂、纯净秀雅的外围环境和温泉酒店清幽的内部园林主题景观风貌。沿线还规划有周培源故居、古泉茶室、迎风台等内容，以及碧水书院、餐厅等具有园林韵味的休闲设施。

2. 富善段

突出科普主题，以湿地展示、鸟类栖息地、餐饮休闲等功能为主，体现水乡村落、渚鸟起落等主题以及平坦空旷、闲远安逸的整体风貌。七彩湿地景点设置净水示范区、湿地生境展示区和鸟类观测区等科普宣教设施；稻香田庄景点营造具有地方特色和乡土记忆的大尺度田园风景；渔舟唱晚景点恢复历史上曾有的渔舟栖泊景观；平渚栖鸟景点以水草漫滩为主，丛树矮灌点缀，满足多种鸟类的栖息需求。

3. 西华段

突出大众休闲功能，具体包括渔村餐饮、休闲

购物、湿地游赏等，体现水村渔市、柳浪飞鸥、纯净明丽的景观风貌。鼓浪渔村在田园、丛树、高草之间恢复小鼓浪渔人居住的历史场景；柳浪飞鸥景点保留现状杉林端部生动灵气的龙爪柳；芦滩漫步景点形成纯净唯美、开合有致的芦滩景观，并设置野钓设施；桉林巷道景点在现状高大桉树巷道可观赏两侧纯净的高原草甸景观。

4. 七十郎段

突出小众休闲特征，突出富有园林环境特色的茶餐、住宿等服务功能，体现沙湾秀树、郊野园林、幽适恬淡、闲情逸致的景观风貌。具体设施主要为三组主题园林：以草坡梅林为特征的梅坡草堂、以山崖栖居为特征的栖霞崖居和以高树阔湖为特征的云烟水阁。

5. 观音北段

以花田游赏、婚纱摄影、婚庆服务、餐饮购物为主要功能，体现闲花隐市、纯净浪漫的景观风貌。水上花园景点形成水草丰美、纯净秀丽的意境，分为浮叶、浮水、高草和低草四个植物主题区。在植物品种上突出浪漫的主题，童话婚礼景点布置于林木围合的草坪空间中，作为户外婚礼的场所，并布置教堂、长廊、栈道等设施。

6. 观音南段

以艺术创作、景观游赏、餐饮住宿等功能为主，体现平畴野树、清淡朴野的景观风貌。艺术水田景点保留现状苗圃地的肌理特征，引水入田形成艺术水田和摇橹船游赏水道，地块入口处布置游客中心以观大尺度的田园景观；候鸟聚落依地形布置高低错落的村落组团，背山面海形成山地特色；百鸟天堂景点，保留原有的柳林、杉林及草滩，形成原生态的鸟类栖息地。

7. 海口段

以湿地科研、会议论坛、茶餐等功能为主，形成山影重叠、纯净大气的气质。海口夕照景点，保留现状柳林与芦苇所构成的纯净开阔的空间。湿地科研中心的设计舒展大气，背倚密林和山体，面朝滇池，周边的林塘小筑都与环境形成很好的互动。

六、专项规划

（一）功能设施系统

规划主要针对来湿地公园游赏的八大类人群的需求，以人为本，合理配置了基本配套设施、科普宣教设施、科研监测设施和主题休闲设施。

图8　图9　图10　图11

规划中重点为环滇骑行人群考虑了功能完善的道路指引、休憩亭廊、公厕小卖、维修补给等一系列的服务设施，主要通过绿道沿线的驿站设置来实现；为目的地休闲人群在拓展区考虑了方便的停车设施，即集散中心，并为其配套了具有特色的茶餐、住宿及主题园林游赏等休闲功能；为垂钓戏水人群结合现状考虑了多处、多主题的塘钓、海钓、沙滩戏水，以及无边际泳池和温泉休闲等特色体验。

（二）湿地生态系统

立足公园内外环境的整体性，通过生态安全格局规划、水体水质保护恢复规划、栖息地生境保护恢复规划和植物保护恢复规划四大生态策略来实现湿地生态系统和环境的保护和恢复。

其中，景观生态安全格局的规划，保证了区域生态系统的连通性，使滇池西岸湿地与周边环境形成了：基质—廊道—斑块的统一的生态格局。并根据研究成果和现状，针对不同生态功能的廊道提出了控制要求。

水体水质保护恢复规划针对现状的水源、水质、水位和水体形态进行分析，提出了环湖截污纳管、湖塘清淤、污染源控制、加强水体流动、扩大水岸交界面、地表径流净化、生态湿地净化、工程湿地净化八大策略，在湿地中形成了一套完善的水质改善流程。同时，针对滇池水位的变化特征，注重水岸竖向设计和驳岸生态化设计。

栖息地生境保护恢复规划，形成适宜不同种类野生动植物所需的生长和栖息环境，使生物量和种群数量明显增加。在栖息地针对涉禽、游禽等不同鸟类的生活习性设置深水、浅水、高草、低草、灌丛、树林、沼泽等丰富的生境类型，形成鸟类栖息环境的多样性。同时针对小型哺乳动物、昆虫、甲壳类、鱼类等设置相应的栖息地。

图7　布局结构图
图8　龙门段效果图
图9　富善段效果图
图10　西华段效果图
图11　七十郎段效果图

图 12　观音北段效果图
图 13　观音南段效果图
图 14　海口段效果图
图 15　景观风貌

图 12

图 13

图 14

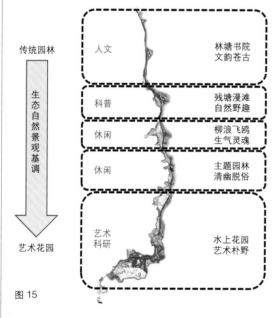

图 15

植物保护恢复规划中针对植物现状，提出恢复植物生长环境、保护和恢复滇池典型植被群落、合理建设林地、适当配置农田和防止外来物种入侵蔓延的植物恢复与保护策略。

（三）湿地景观系统

在生态自然的风貌基调下，呈现自北向南由传统园林向艺术花园过渡的趋势，各段落建筑也在谦逊地融入环境的基础上，呈现自北向南由传统主题建筑向现代风景建筑过渡的趋势。梳理高速沿线景观空间和绿道沿线景观空间，以全透路段为主，半透和不透路段作为穿插变化。

典型景观规划形成了崖下秋色、晖湾旭日、渔舟唱晚、平渚栖鸟、鼓浪渔村、柳浪飞鸥、水上花园、碧螺沙湾、良田纯色、海口夕照十大一级景点和 15 个二级景点。

植物景观规划中形成了湿地森林景观、近自然风景林景观、生态水塘景观、沼泽漫滩景观、人文园林景观、水生花卉景观和农田湿地景观等几类特色植物景观，并针对各类植物景观和分区植物进行了主题植物配植。在植物季相上突出北段秋景、南段春景的特色，形成春明丽、夏浓郁、秋绚烂、冬苍秀的四季变化。

水系景观规划，通过打开封闭的鱼塘、加强水系贯通、水体向拓展区西进等一系列水系改造措施，规划水域面积达到现状水域面积的 2 倍，水岸长度是现状水岸的 2.5 倍。同时通过对水岸景观的梳理，形成了山石浮水型、水岸树林型、湿地林泽型、湿地漫滩型、湿地草甸型、砂石漫滩型、生态水塘型七类特色水岸。以及由各种水系景观空间单元组织而成的多样化湿地景观的体验空间序列。

建筑景观规划，按照建筑风格可分为继承传统型、演绎传统型和写意传统型三类，按照主题风貌则分为传统村落建筑、人文园林建筑、自然生态建筑和现代风景建筑。建筑多临湿地内扩的水域，布局疏密有致、体型舒展、体量适度，整体谦逊地融入湿地环境。

七、结语

滇池西岸湿地公园以清晰的定位、先进的理念、切实的针对性和可操作性，构建完整健康的湿地生态环境和特色突出的休闲服务功能，将成为湿地生物的天堂和诠释乡愁的风景，成为国内一流的国家湿地公园。

项目组成员名单
项目负责人：郑　捷　陈丽君　刘广宇
项目参加人：张　蕾　李　毅　赵思霓　沈　乐
　　　　　　王佐品　侯晓青　徐志强　郑　远
　　　　　　马　琳　于　丹　凌利平　陈思羽
项目演讲人：陈丽君

海珠区儿童公园设计

广州园林建筑规划设计院／钟文君　苟　皓

　　公园一词在唐代李延寿所撰《北史》中已有出现，花园一词是由"园"字引申出来，公园花园是城乡园林绿地系统中的骨干要素，其定位和用地相当稳定。当代的公园花园每个城市居民约6～30m²/人。

一、项目概况

　　海珠儿童公园位于海珠区南洲路以南、洛溪大桥北头东侧，原体育公园地块，规划面积 7.6hm²，结合儿童公园规划用地现状条件，先行启动一期建设，一期面积 6.5hm²。

二、建设理念

　　海珠区有海珠湿地、海珠湖水利人工湖、万亩果园和候鸟河滩等生态自然景点，是个周围水系环绕的岛区，因此海珠儿童公园以生态游乐景观为建设方向，建立"海洋森林——野孩子的生态乐园"为主题的儿童公园，既延续了海珠区的历史地域特色，又突出了儿童公园玩水、堆沙、抓昆虫三个与自然相融合的游乐项目的强烈特色。

　　海珠儿童公园以"让孩子撒野的生态乐园"为主题，以安全性、寓教于乐、注重实践、开发智力、时代性、科普性及经济性为原则，重点凸显公园生态、体验、撒野、童趣特色，结合儿童生理及心理特征，通过精心打造沙雕城堡、巨人海滩、远古沙丘、野外拓展、开心农场、自由花园、野人乐园、自然纤维园、迷雾溪谷、钻探世界等适合各年龄层次儿童玩乐、学习的特色景点，让不同年龄层次儿童在园内充分触摸自然、体验成长，在自由、自然、趣味的环境中发现大自然原生态的知识与乐趣。公园的建设充分展示区域特色，设有自然野趣的林荫活动区、亲水植物区、四季花果区、招鸟乡土林区等，通过采用天然环保材料及新颖、富有创意的形式，培养孩子的动手能力、环保理念，让孩子无拘无束拥抱大自然，释放孩子热爱自由的野性，打造广州市真正全生态自然的特色儿童公园。

　　公园设 10 个主题游乐区，涵盖了特洛伊木马探险、四联攀爬网、岩石攀岩、双人急速滑索、双层旋转网、零深度花样戏水、大水桶水滑梯组合、沙漠考古等主题游乐设施，通过挑战性和趣味性，激发儿童想象力。

三、主要设计内容

（一）巨人海滩

　　按戏水方式分成三大区域，分别为占地1800m² 的大型海螺卵石滩水池、零深度海盗系列

图 1　海珠儿童公园区位图
图 2　总平面图

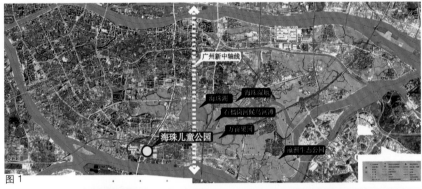

图 1

图 2

图 3　游览规划图
图 4　巨人海滩鸟瞰图
图 5　零深度区海盗系列花样喷水
图 6　大水桶滑梯组合
图 7　15m 高喷鲸鱼喷水

进口喷水设备及环绕原有巨型乔木的抓鱼摸虾池。卵石滩水池内又细分为以大水桶滑梯游乐设备为主的 30cm 深大水池、环绕水池边的涌泉水滑道，喷头喷水高度可达 15m。零深度区按照国际儿童游乐标准设计制造的主题花样喷泉设施共有 11 项，包括彩虹圈、乌龟喷泉、小水桶、地喷等水上设备。

图 3

图 4

图 5

（二）远古沙丘

占地 1000m² 的形似脚掌的大型沙池，以恐龙为主题，沙池内有龙爪造型的遮阴树池和长达 15m 的仿真恐龙骨架，并为小朋友配备三台进口挖沙游乐设备。

（三）野外拓展

占地 3000m²。根据国际公共儿童游乐场及欧盟公共儿童游乐场安全标准进行规划设计，包括国内最高的四联攀爬网、全球第二台巨型特洛伊木马、中国第一组平行双人急速滑索及一台双层旋转攀爬网。为减少儿童受伤概率，场地内地面材料为彩色软胶垫。

（四）开心农场

开心农场是农业科普示范区，农耕木屋是其主体建筑，兼做蔬菜售卖及公园小卖部。可提供给 40 户家庭约 320m² 的耕地进行家庭式农作，学习农耕知识。并有瓜果廊供游人参观。

（五）自由花园

大片疏林草地，可放风筝，三组足球球门供游人玩乐，形成休闲、嬉戏片区，让孩子体验自然的神奇。

（六）野人乐园

移植了园内原有遮阴大乔木，是公园内较为凉爽的游乐场地。包括仿真的攀岩组合、大型蘑菇转天轮、弹跳器等动感游乐元素，锻炼儿童的身体平衡及协调能力，同时孩子可进入蚯蚓洞参观野人壁画，也可进入植物迷宫游玩。

（七）迷雾溪谷

堆坡造谷地形成的一条蜿蜒至巨人海滩的溪

图 6

图 7

图8　远古沙丘效果图
图9　恐龙骨及挖沙机
图10　沙池全貌
图11　德国进口木质挖沙机
图12　龙爪树池及抬高绿化
图13　亚洲第一座特洛伊木马
图14　国内最高的四联攀爬网
图15　双人急速滑索
图16　双层旋转攀爬网
图17　野外拓展场景
图18　农耕木屋
图19　瓜果廊
图20　夏季景观——活动大草坪与迷雾溪谷观景台
图21　冬季景观——草坪幼儿足球活动

图 22

图 23

图 24

图 25

图 26

图 27

图 28

图 29

图 30

图 31

图 22　蚯蚓洞外花境
图 23　蚯蚓洞及沙池全景
图 24　联碗状秋千
图 25　岩石攀爬架组合
图 26　蚯蚓洞内部廊道
图 27　溪流生物净化处理后水
　　　 质效果
图 28　观景亭台
图 29　垂直绿化科普小教室
图 30　仿藤编蛋屋
图 31　塑石塑树入口大门正面
　　　 全景

流，利用生物净化技术净化水质，使溪流内的水生植物及鱼虾等达到自生态平衡，让小朋友在自然中感受生物的神奇。在坡顶有观景平台可眺望全园。

(八) 钻探世界

主题建筑是与小山包融为一体的垂直绿化波浪屋，并在室内外布置各类科普展，室外包括透明地层展示管及藤编蛋屋。

(九) 古树洞天

是公园的人行主要出入口，由巨大的塑石假山和塑树装饰，该景点内有公园管理办公室、电房、厕所、工具房等。

四、项目创新点

(1) 园区所有的园林建筑、游乐设施和小型的基础服务设施的外观均结合"海洋森林——野孩子的生态乐园"的主题进行构思，突出海洋、森林、生态。

(2) 水质净化采用水体生态修复与水污染治理的"食藻虫引导水下生态修复技术"，节约了水资源的浪费和电力的损耗。

(3) 开放给游人活动的大草坪采用"兰引三号"，是至今最耐踩的草种，并四季常绿，避免了草坪的重复维修管理。

(4) 游乐场地结合景观场地设计，使游乐空间更活跃多变，避免了游乐设施的单调堆砌。

五、结语

海珠儿童公园工程总投资：4797 万元，一期开园面积：6.5hm²，开园时间为 2014 年 6 月 1 日，首日开园 4 万人，开园四个月后共接待 52 万人。

项目组成员名单
项目负责人：钟文君
项目参加人：苟　皓　易　帅　喻红刚　李定涓
　　　　　　邓穗鹏　陈华旭　罗嘉欢　陈广成
　　　　　　蔡　倩
项目演讲人：钟文君

老年人主题公园

——万寿山公园改造设计实践

北京创新景观园林设计有限责任公司

一、引言

据中国第六次人口普查主要数据显示，我国60岁及以上人口占比已经达到13.26%，与第五次人口普查相比上升了2.93个百分点。预计到2025年，我国老年人口将达到2.8亿，约占总人口的20%，80岁以上的老年人数也将达到2500万人。到那时，我国60岁以上的老年人将相当于美国总人口，两倍于日本总人口，其中80岁以上的老年人也将超过澳大利亚总人口。因此，人口老龄化是一个不容忽视的国际性问题。

二、全球积极应对人口老龄化

为了应对全球人口老龄化，专家与学者提出了众多想法，其中不乏好的理论与策略，如"积极老龄化"、"老年友好社区"等，给风景园林设计行业提供了启发。

（一）人口老龄化理论

2002年，世界卫生组织正式公布了报告"积极老龄化政策框架"，从此积极老龄化理论日渐成为应对21世纪人口老龄化问题新的理论、政策和发展战略。

"积极老龄化"是指人到老年时，为了提高生活质量，使健康、参与和保障的机会尽可能发挥最大效应的过程。该理论认为，老年人是被忽视了的社会资源，强调老年人应该获得继续健康地参与社会、经济、文化与公共事务的权利。积极老龄化的目的在于，使所有进入老年的人，包括那些虚弱、残疾和需要照料的人都能提高健康的预期寿命和生活质量。

同时，"积极老龄化"的理论还提出了"健康、参与、保障"三个支柱行动。

（二）老年友好社区

根据联合国对于老年友好城市的指标和特征，加拿大于2008年颁布的《老年友好的乡村和边远社区指南》中提出了老年友好社区的概念和主题。老年友好社区是指社区内的建设以老年人为本，基础设施完善，环境优雅，符合老年人的生活需求和活动习惯。老年人可以在这样的社区里安全舒适地居住，维持晚年的健康生活，并且可以充分参与社会活动，实现老年人在社区里积极养老。

三、风景园林与人口老龄化

风景园林设计是一个与人居环境密切相关的行业。公园和绿地不仅具有优美的环境和清新的空气，还能够提供多样的休闲运动场地，是人们尤其是老年人户外活动的最佳选择。全球老龄化的大趋势应该引起园林设计者的思考，比如我们在公园中如何体现对老年人的关爱？现有的老年人公园数量能否跟得上人口老龄化的发展趋势？老年人主题公园应该如何来做？

积极老龄化的理论认为老年人也倾向于关注新鲜的事物，也可以成为社会发展的积极贡献者。受此启发，我们认为老年人公园除了体现对老年人的关照之外，还应该是一个充满活力的花园，对积极的心态和健康的生活方式起到引导作用。

四、万寿公园改造项目简介

（一）项目概况

万寿公园位于北京市西城区白纸坊东街，占地5.1hm²，原址为建于明代万历四十五年（1617年）

图1　公园周边环境分析图
图2　"一线八景"的景观结构
图3　东门改造效果图
图4　孝行民和广场改造效果图
图5　五福广场
图6　座椅
图7　栏杆

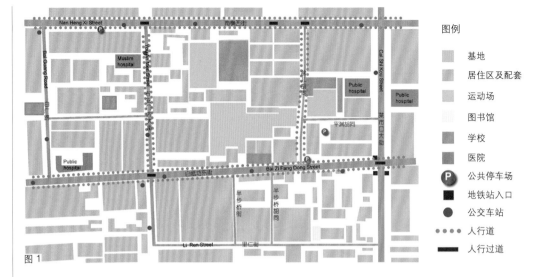

图1

的关帝庙。新中国成立后，政府多次对此地进行绿化整建，1955年曾名万寿西宫公园，1995年重新改造后更名为万寿公园，是北京市第一座以老年活动为中心的主题公园，也是全国首家节能型公园和具有较完善应急避险功能的示范性公园。

公园周边以居住社区为主，公共交通方便，公交地铁均可到达，周边公共服务设施齐全，包括学校、医院、体育场、图书馆等。使得万寿公园处在一个得天独厚的地理位置，能够方便地服务于周边以及市区的老年人。

（二）设计构思

为了使公园能够更好地为老年人服务，满足老年人需求，设计的前期阶段我们对万寿公园的切身使用者进行了问卷调查。被采访的老年人大多数在公园附近居住。他们当中绝大多数与子女或老伴儿居住在一起。80%以上的老年人选择步行来公园游玩。在公园游玩的时间通常在1~2小时左右，80%以上的老年人每天至少一次来万寿公园散步。

通过调查我们发现，老年人最希望公园被赋予的主题是：孝德、福寿、游乐、生态；老年人最喜欢的公园休闲活动有：看书、唱歌、聊天；老年人最希望公园提供的免费服务有：医疗保健咨询、应急医疗急救、小物品寄存等；公园内大部分老年人希望公园能够提供饮用水设施，而在现今科技日益增长的年代，无线设备也成为老年人特别需要的对象。

因此公园最终的主题被确定为：以"孝"文化为主题，融入"积极老龄化"的理念，创造和谐健康的老年人友好社区示范性公园。具体内容包括："寿、孝"主题文化的宣传展示、人性化的设施设计、修建一个康复性花园、系列主题文化活动的策划。

1. 以"孝"文化为主题，打造"百孝之园，万寿之家"

调查问卷显示有23%的老年人希望公园被赋予德孝一类的主题，占人数最多，其次是福寿的主题，占被调查人群的19%，这背后蕴藏着深厚的历史原因。中国的养老方式以家庭养老为主，这是几千年形成的传统模式，中国的绝大多数老年人还必须依靠家庭成员的扶助安度晚年。这种思想的基础就是传统的孝道观念，但随着城市化的进程，传统的孝道观念也开始淡化，因此宣扬传统的孝道文化具有非常重要的现实意义。

设计采用一线八景来展现寿孝文化。并暗喻人生历程：从公园东门开始暗指人生的开始，经历懵懂的青年时期，到达孝行民和广场，了解孝的真正意义以及其对现代家庭的启示，而后经历知名、花甲、古稀等人生不同阶段，最终达到寿贺康宁广场，寓意人生经历行孝善最终功德圆满。

（1）东门及孝行民和广场

东门是公园的主要出入口，本次改造主要对东门的牌楼进行翻新，建立良好的公园入口形象。孝

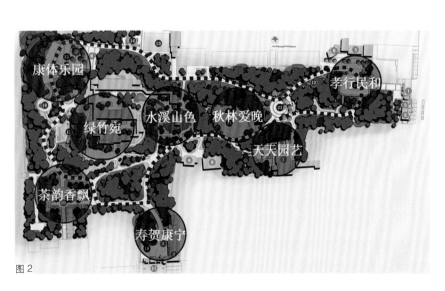

图2

图3

图4

行民和广场可以为大型活动提供场地，此次设计将孝文化符号引入景观之中，广场边缘修建景墙，石材与金属材质相间，上面刻有关于二十四孝的文字。在举行活动的同时，使人感受孝道文化。

（2）五福广场

此处原来是园路交叉口，位置重要但功能不突出。设计利用其位置优势将其改造成为中心广场，使公园中多了一处休闲交流的场地。广场中放置小铜人以及乌鸦反哺的雕塑，表现共享"天伦之乐"的家庭关系。设计保留现状树丝棉木，增设大树围椅。丝棉木树龄长，秋季叶色变红，果实挂满枝梢，观赏价值高。在北京皇家园林内常见古老的丝棉木，寓意益寿延绵。

2. 人性化设施

万寿公园的人性化设施主要包括栏杆、座椅、健身设施、应急呼叫系统等。设计注重细节，考虑人体工程学数据和环境心理学，注重使用的舒服方便，并通过人性化设施的设置鼓励老年人更多地参与到公园的活动中来。

（1）主环路

公园主环路全长约750m，采用暗红色沥青路面，颜色温暖明快，令人身心愉悦，同时可减少炫光对老年人眼睛的刺激。路面平整防滑，脚感舒适，利于老年人户外行走健身。

（2）座椅

为了提高舒适度，座椅采用温馨的木质材料。边缘用圆弧过渡处理，所有座椅都有靠背，而且座椅尺度符合老年人身体特点。靠背高度合理并与椅面保持一定角度，保证舒适的坐姿。扶手上专门设计了能够摆放茶杯和手杖的细节，使用起来十分方便。

（3）康复栏杆

全园设置总长约400m的康复栏杆，主要布置在主环路内侧及活动广场周边。倚靠栏杆，可以减少老年人长时间站立的疲劳感；手扶栏杆行走，可以使行动缓慢的老年人走路更加方便。高度适宜的

栏杆还可以辅助老年人完成压腿、扭腰等日常锻炼。通过这些方式鼓励老年人多行走、多站立、多活动、锻炼手臂和腿部肌肉、提高灵活性，从而达到辅助身体康复的目的。

（4）健身设施

依据老年人身体生理特点，公园专门设置了老年运动康复乐园，可分别进行指关节、腕关节、肘关节、膝关节以及相关肌群的运动练习。练习方式包括步态平衡练习以及相关部分的旋转屈伸练习。老年人在和朋友共同运动时可以相互交流、互换器械，在轻松柔和、简洁的运动中收获健康与快乐。

（5）全园覆盖wifi

公园设置wifi覆盖，使老年人在公园中可以通过手机等电子设备看新闻，刷微博，随时了解国内外发生的重要事件，并通过电子社交工具与园外的亲友随时进行互动，促进大脑活动，使老年人的沟通与交流变得更加方便快捷。

（6）太阳能充电设备

太阳能充电设备可以随时为手机、平板电脑等电子设备充电，解除老年人休闲活动时因手机断电带来的不便，同时把太阳能转化为电能，将绿色能源应用于园林景观之中，符合节能环保的理念。

（7）热水供应站

为方便广大游人，践行敬老爱老的理念，公园特在东门及南门设立两处热水供应站，全年每天从开园至闭园免费向游客供应开水服务。

（8）应急求助呼叫系统

公园分别在东门、南门、中心广场、西北角广场、茶室、天天园艺及两处公共卫生间设置8个应急求助呼叫点。当遇到紧急情况需要帮助时，老年人可自己或由他人帮助呼叫值班人员前去处理。另外公厕的每个蹲位也装有无线呼叫装置，值班室设在公厕管理房。全园呼叫值班室设在公园管理处，随时应对老年人出现的突发事件。

图5

图6

图7

图8

图9

图10

图11

图12

图8　健身广场
图9　老年人在公园中使用 wifi
图10　太阳能充电设备
图11　抬升的种植床
图12　垂直的"墙园"

3."康复花园"促进老年人身体健康

目前，美国很多的康复医疗机构已经开始通过室内室外的景观环境来帮助康复治疗。美国风景园林师协会成立了一个关于康复花园的专题研究小组，提出了要营造出结合园艺治疗和医疗手段的积极花园。近年来 ALSA 有多个关于康复花园的优秀设计方案出现，使得设计从理论向实践上升了一个更高的层次。

许多研究表明，良好的花园环境确实可以有效地减轻病人的低迷情绪、减少压力、降低血压甚至减轻疼痛。康复花园是为病人提供积极地恢复身体功能机会的花园，重点是从生理、心理和精神三方面关注人的整体健康。因此在老年人主题公园中建立一个康复花园对老年人的身心健康具有重要的意义。

因此本次改造增设了"天天园艺"广场，并具有以下景观特点：

（1）抬升的种植床

将种植床中的土壤抬高，老年人可以不用弯腰，轻松地从事园艺活动。种植床下方还为园艺参与者提供了腿部伸展的空间，方便坐轮椅的老年人活动。

（2）芳香类植物

园中很多植物都具有怡人的芳香，直接或间接地对老年人的健康产生积极的影响。老年人也可以通过气味来感知园中不同的植物。

（3）垂直的"墙园"

用植物装扮的墙体将绿色带到人们面前，拉近了人们与自然地距离。

4.系列主题活动探索文化建园新模式

万寿公园积极探索，由政府主导，公园组织，周边社区参与策划管理，依据老年朋友的需求，年度拟举办主题系列活动。系列文化主题活动是万寿公园体现积极老龄化的重要途径之一。目的是让老年朋友在活动中扮演关键的角色，从事有条件的工作或充当志愿者，继续传播他们的知识和经验，实现老年人的自身价值，使得老年人成为社会资源，而不是一种社会的负担。

五、老年人主题公园设计思考

通过万寿公园的改造设计实践，我们对老年人主题公园的设计方法进行了思考与总结。从总体布局上来看，应该以自然景观为主，结合区域文化特色采用人性化和功能化的布局。空间的营造应该具有多样性。

对于公共性空间，要创造运动和交流互动的机会；而对于私密性的空间要保证一定距离，具有可视边界和标识提示。同时还要注意空间的可知性与可达性、舒适性与趣味性。

植物的种植应该有助于创造宜人的微气候环境，起到观赏美化和分隔空间的作用，在减弱环境中噪声污染的同时具有辅助医疗的作用。

老年人社区公园还应该考虑到环境照护设计。针对老年人身体的特点和实际需求，增加特定的细节。比如园路的设计要平坦且具有一定的摩擦力，防止老年人摔倒；小品设施的设计应该样式简单易于理解、质感舒适变化多样、标识系统完善避免造成困扰。

光、声、热等物理环境的营造应有利于形成更加舒适的户外空间。如避免产生光污染、夜间照明保证行人安全舒适；采用绿化减噪、声学方法减噪、用音乐流水声音掩盖噪声等减噪措施；通过植物、水体的布局和设施材质影响空间热环境等。

当代的老年人更加倾向于关注积极的事物，有时候甚至能够比年轻人更快地对其做出反应，因此老年人不希望自己因为年龄的增长而成为需要被社会关照的特殊弱势群体。老年人主题公园应该通过各种方法使老年人忘记衰老，对老年人心里以及生活方式起到积极的引导作用。

项目组成员名单
项目负责人：李战修
项目参加人：李战修　毕小山　陈静琳　韩　磊
　　　　　　郝勇翔　梁　毅　祁建勋　苏　驰
　　　　　　张　迟　张　东
演讲人：毕小山

九江县中华贤母园景观

宁波市风景园林设计研究院有限公司／潘　鸿

一、背景文化

　　九江有着深厚的文化底蕴，名人众多，这里是两陶——我国田园诗派的鼻祖、大诗人陶渊明和东晋大司马陶凯的故乡（陶凯是陶渊明的曾祖父）；是抗金名将岳飞的第二故乡；也是我国近代报界奇才黄远生、新闻学先驱徐宝璜，当代著名书画家蒋彝、蔡若虹和著名作家杜宣，现代社会教育创始人、教育家陈礼江，革命先驱蔡公时、许德珩等人的家乡。九江的传统文化有：文曲戏、采莲船、舞狮子、玩龙灯。庐山云雾茶、庐山石耳、庐山石鱼、庐山石鸡、马回岭西瓜、赣北早熟梨、东篱杨梅、赛城湖大闸蟹、马回岭西瓜、黄老门生姜、金盘庐山云雾茶、草菌文化、仙客来贡菜、仙客来灵芝都是九江的特产。

二、现状情况

（一）用地规划范围

　　中华贤母园规划范围为县城中心原渊明公园及其周边山体，其具体位置为东至庐山北路，南至城门山铜矿宿舍和渊明大酒店，西至民政居宿舍，北至渊明大道。公园规划总用地面积为1100亩（约73公顷）。

（二）公园周边环境分析

　　本地块位于九江县中心，连接着西、北面的老县城和东、南面的新县城，新的县城正在建设，公园的人流量仍来自老县城，但应考虑未来发展趋势。

　　公园比邻沙河，周边紧邻居住区和县城商业街，是县城社区居民的中心公园。

（三）公园景观资源分析

　　公园内已有的景点有：革命烈士纪念碑、无量寿寺、陶渊明纪念馆。

（四）现状地形、高程

　　现状地形呈西北东南走向，属于平原丘陵地貌，整体高程南高北低，最高点位于无量寿寺西侧，高程约为67m，次高点位于中心偏西，高程约为

图 1　用地规划范围
图 2　现状地形

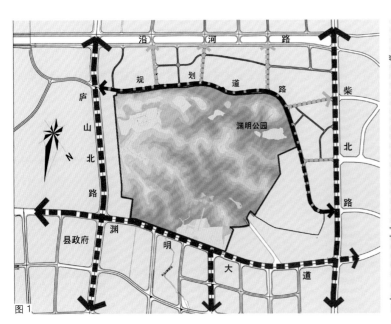

图1

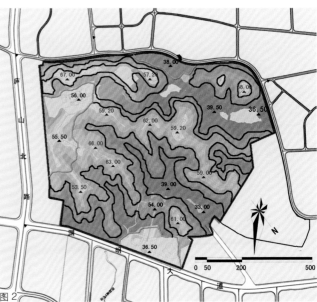

图2

图 3 园区鸟瞰图
图 4 总体布局图

64.5m。山脊和谷地分布明显，谷地空间较开阔，高差最大约30m，最小约10m。

（五）现状植物

本地块属于亚热带丘陵植被类型，现状大乔木有杉木、马尾松、香樟等，部分大香樟胸径可达到30cm。地块西侧谷地有上下两个水塘，溪流自上而下贯穿整个谷地，当地居民开垦栽种了农作物，形成了梯田景观，其余几处谷地基本以鸡毛竹为主，植被种类较单一。

三、主题理念

（一）形局与架构

通过寓意与形、化形表意，将地形与凤凰结相互结合，对文化含义与形态予以多重展现。

图 3

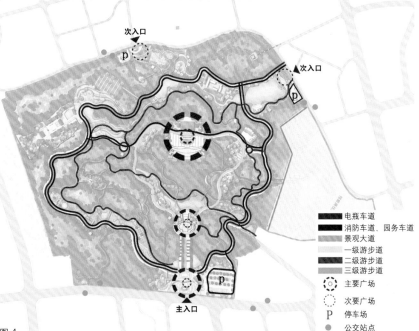

图 4

（二）结构与升华

在对体系的结构过程中，出现三个核心元素——母韵、母爱、母教，这也是所要表现的主题。母韵所展现的是母亲自身的品格与风采，母爱所展现的是母亲对子女无私的爱，母教则展现母亲对子女的言传身教，成就子女的业绩。再通过具象形态进行画意，最终达到形式与内涵的升华，以形成九江县特色的中华贤母文化主题园。

四、规划定位与目标

（一）规划定位

中华贤母园依托自身的文化底蕴和独特的园区景色，将成为环庐山旅游带外地游客的必游地、九江中心城区市民近地休息的首选地、九江县本地居民引以为豪的最佳休闲地。也将成为九江县对外展示的窗口，起到标志性的作用。

（二）规划目标

秀山幽水，彩凤瑶心；千年母教，皓月生辉；凸显九江县的文化底蕴，树立生态宜居的城市主题公园，打造中华首屈一指的贤母文化主题园。

五、规划原则

（一）文化性原则

传承文化，立足现代，放眼未来，强调贤母文化的延续和人文景观的再创造。

（二）生态性原则

发掘场地自然生态的特点，充分利用山水资源，以良好的自然生态环境作为场所和景观的底色，在景观、经济、文化等方面遵从因地制宜的设计原则和可持续发展的理想目标。

（三）科技性原则

借助科技的手段和先进的设备，创造全新的具有科技含量的景观、建筑特色，以不同的形式展现贤母文化的魅力。

（四）最小干预保护原则

尊重自然生态的肌理，充分保护和利用现有的空间、植被与道路，尊重历史，尊重环境，尊重当地民俗风情。

六、总体规划

（一）规划结构

彩凤展翅，一气冲天；双心相印，五区风韵。

本案以山水为载体，以地域人文为气韵，以自然生态为元素。水脉、绿脉、文脉相互交融，形成景网。公园以贤母情怀、九江县地方风韵、古今文化传承为内涵，通过对景观有机组合规划布局，展现有特色的景观点、景观线、景观面，体现文景相依、情景交融。

（二）总体布局

本次规划在竖向设计上尊重原场地地形地貌，避免大开大挖，为达到景观效果，考虑局部改造。

交通系统分为车行线路和步行线路：车行线路：修建环山干道，将电瓶车道、消防车道、园务车道融为一体。步行线路：分为一级游步道、二级游步道、三级游步道。另外布置了3处公共停车场。

旅游线路组织方面，在"沿山，依水"的基础上，以"游线紧凑、内容丰富、景观精粹"为原则，形成六条不同功能的游线。即贤母文化主题游，廉、孝、爱文教感知游，母性、女性文化体验游，缘溪行休闲游，绿谷寻野深度游等。

（三）功能分区

山水是形，文化是神，神形兼备才具有品位。中华贤母园的设计采用自然景观和人文景观穿插融合的造园手法，使游人在幽山秀水的自然环境中，深刻体会贤母文化的底蕴。中华贤母园主要包括："贤良之门"景观主轴创意区、"母范天下"贤母主题博览园、"母性、女性"文化艺术展示区、"廉、孝、爱"文教感知区、"休闲活动体验区"，它们共同构成中华贤母园总体规划的框架。

七、详细规划

（一）"贤良之门"景观主轴创意区

1. "双凤巢月，莲爱懿范"——主入口凤舞之门

"凤，神鸟也"，象征着女性的绚丽多姿与雍容华贵。在民间自古代表着和美、和谐、吉祥，又泛指有德之人。莲花，出淤泥而不染，代表美丽脱俗的荷仙子，象征母亲的圣洁高雅。

故主入口大门的设计以凤凰和莲花的组合为立意的出发点。通过两只飞舞的凤凰，限定出主入口

空间，凤身的飞舞形成了自由多变的整体造型，也形成了主门和次门的不同空间，从而构成了大门横向上气势与柔美并重的空间载体，也象征着中华贤母园的主题和寓意：中华贤母园即将展翅腾飞。为了避免横向体量过大而引起单调之感，在竖向处理上，进行了重构与组合，通过自下而上的收放柱体托起一朵盛开的莲花，将凤凰的曲线联系起来，也与九江特色的"莲"文化相呼应，柱体上雕刻出中华贤母园的入口标识，背面书写"懿范千秋"。在入口大门与周边广场的衔接上，又通过环环相扣的拱门形成了一个围合的入口空间，拱门下布置低矮景墙，雕刻母训之词。游客通过东南侧拱门可直接到达游客服务接待中心，游客接待中心主要布置一些接待问询、简餐和管理用房，整体形象与大门相呼应，形成一个"捧"的空间。

2. "千古母范"仁爱大道

迈过气势浑厚的凤舞之门，出现在游人面前的是仁爱大道，随着地势的抬高，逐步将游人引向爱心广场。中轴两侧气贯长虹的"千古母范"文化艺术地雕，展示了从古至今50位伟大的贤母。

3. "爱心广场"公共社区

走过将近160m长的景观大道，爱心广场迎面而来，象征女性皎洁柔媚、优雅娴静的汉白玉月亮形"皓月生辉"主体雕塑高约20m，成为整个公园的中心亮点。与凤舞之门相互对应，形成"双凤朝月"整体景观。雕塑前排的贤母史略景墙，通过大型甲骨文、竹简书等书写形式，简要地反映了中华贤母的伟大历史文化。广场以贤母文化的内涵"贤德"、"母教"、"慈幼"、"仁爱"为设计灵魂，在配套设计上体现了人性化、公共性和公益性。开放式的公共空间是人们节庆活动表演和游客休闲的集中场地。绕过贤母史略景墙，登上爱心广场，精雕细琢的贤母文化图文从月尾一直雕琢到月尖，使整个雕塑更具文化内涵。站在爱心广场，向下观望，四大贤母浮雕景墙层层跌落，一直延伸到水边。

4. "皓月生辉"主题雕塑

月亮是女性皎洁柔媚、优雅娴静特质的集中体现，也是母亲温婉贤淑、细腻祥和的象征，故在爱心广场内的以皓月为造型树立主题雕塑，寓意中华贤母园的未来如明月熠熠生辉，朗照乾坤。

（二）"母范天下"贤母主题博览园

1. "母慈育子，礼教仁爱；皎月相环，曲柔错韵"——"母范天下"主题馆

"母范天下"主题馆位于中华贤母园的中轴线中心，也是整个区域的制高点和核心，起到了统领

图5　主入口效果图
图6　爱心广场效果图
图7　"母范天下"主题馆
图8　孟母三迁园
图9　陶母延宾坊
图10　欧母画荻居
图11　岳母精忠堂

图5

图6

图7

图8

全局的作用。作为重要的形象展示建筑，设计通过连续大体量曲线错落式布置，给人以视觉上的柔美感与震撼感。并通过多层次空间的布置，丰富了内部人流的活动空间和外部人流的视觉空间。

（1）理念演绎

1）"母慈育子"——整体构图的出发点。

慈母的胳膊是由爱构成的，孩子睡在里面怎能不香甜？——雨果

主题馆设计以母亲怀抱自己的婴孩为构图的出发点，形成了曲线化的围合空间，整体上又构成了舒展的整体形态，并通过母馆与子馆之间的紧密联系链接和咬合各个功能空间。从而寓意了一种孕育的理念，展现母爱是世界上最无私、最伟大的爱。

2）"礼教仁爱"——主题馆的精神所在。

"我的第一个启蒙老师是我的母亲。"——茅盾

主题馆所要展示的精神，就是母亲对子女"礼教仁爱"的思想教育，故主题馆的主要功能，也是注重于对历史和现代的母教文化的展现。

3）"皎月相环"——寓意中华贤母园熠熠生辉，朗照乾坤。

在主体造型"母慈育子"的外围，一个皓月形状的弧形景墙与之相辅相成，形成了"皓月相环"的形态，是建筑语言在形体和精神上的外延，并寓意中华贤母园熠熠生辉，朗照乾坤。

4）"曲柔错韵"——寓意中华母亲柔媚多姿，仁爱优雅。

建筑造型通过曲线化自由形态的布置手法，形成流畅并具有韵律的建筑形态，体现了母亲的柔美。并通过对逐层递退式的空间布置，形成了不同层次的观景平台，更体现了建筑的优雅之美。

（2）功能布局

"母范天下"主题馆是集精品书屋、母教文化主题展示、贤母文化学术研究等多功能的公共性建筑，通过母馆与子馆的造型变换形成了不同的功能分区，并充分考虑山体的地势，利用错层空间降低土方量。在子馆布置一个小型影剧场。母馆与子馆的衔接部分为大厅空间和精品书屋，起到人流集散作用。在母馆地下一层形成了文化学术研究的独立分区，主要布置一些学者、作家、书法家、画家的创意工作室，并布置一个大会议室满足贤母文化论坛的需求。母馆布置贤母书画文艺展区、母爱艺术产品展区、"母范天下"主题展区，通过三维电影，多媒体技术充分展示"四大贤母"和现代母亲的感人、教育事迹。母馆三层空间考虑布置主题休闲茶吧，为游客和学术人员提供充分享受园区景色的场所。

（3）流线设计

"母范天下"主题馆分为剧场流线、贤母展示流线和学术研究流线。通过点、线、面相结合的方式，"由点及线，由线带面"，构建高效、便捷的人流流线体系。

后勤和货物均通过南侧和北侧的次入口进入，以避免对人流的干扰。

（4）空间组织

"母范天下"主题馆通过不同的空间组成构成了流动的公共空间、平台景观空间、多形式的步行空间。整体建筑在中间割断，既满足了安全上的需求，又作为视觉上的廊道，通透着中心轴线和环视整个园区。

流动的公共空间："母范天下"主题馆的母子连接大厅作为整个空间组织的核心，是人流集散的枢纽。

（5）立面造型

通过曲线化逐层递退式的形体组织，在蕴涵建

筑理念的同时，充分展现建筑的柔和之美，整体上又气势磅礴和富有层次，成为中华贤母园的视觉吸引点。

建筑外观：以弧线展现建筑形体的柔和变换，富有层次感，并通过曲线的变化，将人流视线引入中华贤母园。一层和地下一层采用厚重的仿古石材，二层和三层采用轻质的木质幕墙，以在整体上与贤母主题博览园周边建筑相协调，体现文化底蕴的同时展示时代之感。

建筑意境：以母馆与子馆的有机咬合和曲线化逐层递退式的空间形态展现贤母文化的博大精深和母重子教的精深内涵。通过虚与实、开放与内敛，寓意母对子的教育在不断发展与进化之中的不同形态，使建筑形式在感知中更富有生命体的活力。

2. 内涵氛围的场景体现——孟母三迁园

孟母三迁园展示以孟母教子为历史题材的场景。通过具有不同内涵的场景塑造，以中国"四大贤母"之首——孟母的三迁环境作为背景，分别营造民宅、市集、学堂的建筑氛围，采用传统民居的布置手法，形成三个独立又相互联系的建筑单体，并在建筑空间内展示孟母教子的典型范例。

（1）平面布局

以三个建筑单体作为园区的主要展馆，并通过篱笆围墙和木栈道形成一个整体围合的空间，通过一个古式门框作为空间入口上的限定，营造虚体门框的展示效果。内院中心布置孟母教子的主题雕塑，建筑围绕而布置。

三个建筑单体各自营造不同的氛围，各个场景分别对应主题教育的典型案例。其中民居展示孟母断织场景，教育"学业不可荒废"的思想；市集展示买肉啖子的场景，教育"诚信做人"的思想；学堂展示止子休妻的场景，教育"以礼待人"的场景，并展示孟子的著作与新旧《三字经》。

（2）立面造型

立面塑造主要以民居古朴、近人的风格为出发点，通过木墙和砖墙结合的方式，展现主次立面的效果，并通过墙面木条纹的分割丰富立面的层次，体现传统与时代的结合。

3. 主次空间的思想延展——陶母延宾坊

陶母湛氏，东晋陶侃之母。陶母延宾坊展示以陶母教子为历史题材的场景。通过主体建筑和附属建筑的主次布置，表达陶母教子的不同思想内涵，主体建筑采用官衙的建筑体制形式，通过连廊与周边惜阴亭与运砖亭相衔接。

（1）平面布局

通过入口广场的陶母雕塑，进入延宾坊主体建

筑的留客堂，留客堂为古朴、小型会客厅堂，布置简易座椅，大厅左侧用古代说书的曲艺形式向参观者讲述陶母"截发延宾"、"荐喂马"等故事，右侧展示赞美陶母的诗词。主体建筑左侧房间布置"封坛退"场景，右侧布置"截发延宾"场景教育"廉洁为官"的精神。南侧通过连廊到达运砖亭，运砖亭通过亭榭组和空间，亭中布置陶侃运砖典故碑，榭中布置"送子三土"场景，并在周边空地步行砖块，加入游客体验项目，教育世人不要贪图安逸；北侧通过连廊到达惜阴亭，在连廊部分结合惜阴亭布置洗墨池，惜阴亭布置教子惜阴场景，教育"惜时如金"的精神。

（2）立面造型

在立面造型的塑造上，主要以南式官府建筑的风格为出发点，但整体上又体现朴实、清廉的氛围，但在建筑形式上进行简化与结构，形成突破传统的建筑形式，通过对石材基座的运用，展现东晋时期的建筑特色。

4. 带状分布的品质解读——欧母画荻居

欧母画荻居展示以欧母教子为历史题材的场景（欧母郑氏，北宋大文学家欧阳修之母）。建筑布置考虑与地形的有机融合，在山顶上布置带状的建筑形体，并通过不同展馆的展示，解读陶母教子的品质。建筑风格上体现文雅与变化，通过建筑内部和连廊展示不用的场景。

（1）平面布局

在带状分布的建筑形体中，利用主次的变化，形成空间错落的组织关系。游客从主入口进入大

图9

图10

图11

厅，直接面对崇欧雕塑展示区，大厅左侧布置休息区，右侧布置接待区，房间左侧布置"画荻教子"展示区，右侧布置历史追忆展示区。左侧通过展示欧阳修文学研究著作的连廊展示，到达建筑内部的"励子奉公"、"教子为官"的场景展示区，教导清廉、仁义的为官精神；右侧通过展示欧阳修文学研究著作的连廊，到达欧母书斋，在欧母书斋后侧布置观景亭。

（2）立面造型

在立面造型的塑造上，主要以虚实相结合的不是手法，主入口建筑体左右两侧运用敦实的石材墙面，中间布置雕刻花窗，中心采用虚体的窗和木隔断对立面空间上进行分割。两侧通过通透木格连廊连接次建筑体，次建筑体风格文雅、朴素，采用木格贴面的手法将宋代斗拱艺术进行体现。整体墙面色彩以清新淡雅的灰白色调为主。

5.围合错落的情操升华——岳母精忠堂、金戈铁马体验馆

岳母（姚太夫人，南宋抗金英雄岳飞之母）精忠堂展示以岳母教子为历史题材的场景，是最主要的贤母展示建筑群，故在空间上形成围合错落的院落空间，以满足多功能展示空间的使用需求。建筑形体上突出体现岳母对岳飞爱国主义教育的情操升华，形成庄严、肃穆的建筑整体风格。金戈铁马体验馆与岳母精忠堂遥相呼应，与服务区形成一个半围合的空间，在形态上与岳母精忠堂相衔接，在空间上形成一个次级聚焦点。

（1）平面布局

岳母精忠堂由四组建筑构成，形成五个内部空间，并通过廊与亭的衔接成为一个整体的院落空间。在主殿中布置崇岳殿，打造岳母和岳飞雕塑，入口门厅左侧布置休息区，右侧布置接待区。周边建筑群落内部空间按逆时针分别布置英雄降生、岳母教子、岳母刺字、岳母履淳四个主题展示厅。

金戈铁马体验馆主要布置岳家军历史回顾长廊、百步穿杨体验、人体彩绘体验区、动漫体验区，模拟金兵大举南侵、山河破碎的历史场景。并在周边服用用房配置公厕和小卖。

（2）立面造型

在立面造型的塑造上，运用强烈对比的灰色系砖墙和白色系墙体，展现建筑的庄严与气魄，以呼应岳母、岳飞爱国主义的高尚情操。立面上通过木条纹与其他贤母馆建筑相联系，对窗体和墙面进行分割，形成现代的具有文化底蕴的内涵建筑，形式仿古，建筑手法新颖，对传统进行突破。并通过景墙的运用，丰富竖向空间。

金戈铁马体验馆采用大坡度轻钢结构的屋面，将建筑与场地有机结合，形成了金戈铁马的气势，整体上运用现代材料以体现时代之感。

（三）"廉、孝、爱"文化感知区

"廉、孝、爱"文化感知区位于园区的北部，主要包括"清廉家风"廉政教育园、孝文化园、母爱洗礼园。

1.孝文化园

百善孝为先！"孝"为中国古代重要的伦理思想，是中国文化的核心、中华民族的传统美德。孝道成为中华文明区别于其他文明的重大文化现象之一。

孝文化园以元代郭居敬辑录的古代《二十四孝》故事为核心，通过建造孝文化园，感恩父母，弘扬中华民族尊老重孝的传统美德。孝文化园包括《二十四孝》浮雕景墙、石刻祭母诗文、孝心园、孝心树、母亲微笑墙。

2."清廉家风"廉政教育园

以历史上清官的母亲教子廉政为公、勤政为民、清政为官为题材，打造成廉政教育基地。"清廉家风"廉政教育园包括巨石题刻、母训墙、清廉家风、前车之鉴等景点。

3.母爱洗礼园

主要讲述母爱故事、母爱诗词与母爱传说。

（四）母性、女性文化艺术展示区

母爱、女性大型艺术展示区位于园区的东南部，是历史上唯一一个以母亲为题材的大型艺术展示中心，展示区通过不同的表现形式将贤母文化的精髓镶嵌其中。为了充分展示贤母文化的风采，母性、女性展示区以四个不同的形式进行了规划布局，主要包括"母爱之光"艺术园、魅力巾帼园、吉尼斯母亲园以及华夏女神园。

1."母爱之光"艺术园

"母爱之光"艺术园主要包括三个方面：母爱一生系列、霓裳羽衣和赣鄱贤母精粹园。

母亲一生系列：结合绿谷地形，在山坡上栽植大片植物，中间谷地在原有基础上，栽植多姿多彩的野花，贯通一条曲折园路，园路一边结合跌落的溪水，上面摆放着十组铺展现母亲成长一生系列的情景雕塑，彰显了慈母在不同年龄阶段的美。透过雕塑可隐约看到一排一米高的矮型景墙，与情景雕塑相互对应，续写着母亲的一生。

霓裳羽衣：沿着曲径通幽的园路小径，听着潺潺的溪水流声，将人们引入了极具现代感的霓裳羽衣方阵，12组透明玻璃羽衣方阵结合错落式的空

间布局，演绎着身着不同朝代服饰的母亲的形象，体现了女子服饰之风韵。

赣鄱贤母精粹园：作为"母爱之光"艺术园的最后一站，赣鄱贤母精粹园以具有代表性的江西籍贤母作为素材，打造了一处赣鄱贤母文化长廊。

2. 魅力巾帼园

魅力巾帼园建筑构图采用庭廊结合的古典构图方式，在古典中加入现代的元素（即运用现代元素的材质）给整个建筑群体带来了活力，立面处理采用大体块的分割，运用大面积玻璃体，虚实有度。

魅力巾帼园以女性文化为基底，是展现女性特质、女性风采、女性魅力的版块。

3. 吉尼斯母亲园

吉尼斯母亲园建筑位于一个山谷之中，根据地形的构造，采用半围合的布局手法，打造出一种山地景观建筑的氛围。立面上运用虚实结合，通过具有历史感的青砖与现代钢铁、玻璃面的对比，形成了强烈的视觉冲击。

吉尼斯母亲园通过图片的形式展示了世界吉尼斯纪录中的母亲之最，包括世界上最胖的母亲、生出世界最小婴儿的母亲、一胎生育最多的母亲、生孩子最多的母亲、世界上身材最小的母亲、世界上第一个"男性"母亲等吉尼斯世界纪录中的母亲之最。

4. 华夏女神园

以中华民族传统文化中的女神为原型，通过大型图腾柱的形式打造女神园。高大雄伟的女神图腾柱通过布局围绕形成一个环状图案，石柱上刻有的女神形象，时而起舞，时而羞涩，时而欢快，显得惟妙惟肖，生动逼真。

（五）休闲活动体验区

休闲活动体验区位于中华贤母园的西南面，设计中将其分为慈幼园、万福村、"冠军之源"康体运动园以及七色福田园。

1. 慈幼园

慈幼园作为亲子益智乐园，是母子亲密接触的互动空间，园区内通过各种妙趣横生、寓教于乐的活动设施，将母亲与子女紧紧联系在一起。慈幼园建筑滨水而立，据地形呈带状展开布置，又与水体形成一个围合的景观空间。在整体风格上，将具有现代气息的材料与古典构图完美结合，加之富有趣味的墙体窗花，给整个建筑带来了生气，使其更具有韵味。

图12

图13

图14

图15

慈幼园内设有卡通动漫厅、淘气堡、动动手吧等各种活动场所。

2. 万福村——动感乡野、都市寻梦、休闲万福村、美食新天堂

凭借雅致的公园环境，温馨的母爱氛围，万福村将被打造成为集婚纱摄影、婚礼庆贺、母亲礼物选购、母亲寿宴庆祝等功能于一体的福母天地。

万福村周边植物景点布置以春景为主，兼有夏、秋、冬之景，四周栽种桃花、樱花等，树型美、花蕾多、花色鲜、花期久。

万福村内设有"福星高照"婚纱摄影楼、"福喜临门"婚庆大礼堂、"福慧双修"商业购物街以及"福如东海"寿庆大典堂。

3. "冠军之源"康体运动园

位于园区西南部的康体运动园，以奥运冠军优秀母亲事迹为题材，为周边居民提供了集休闲、运动、健身为一体的运动场所。场区内设有各种健身项目，如动感乒乓、律动体操以及篮球场、网球场、台球馆等各种项目场馆。康体运动区不仅向参观者展示冠军之母的动人事迹，更是九江县人民休闲、运动的最佳去处。

4. 七色福田

"采菊东篱下，悠然见南山"。层层叠叠的梯田犹如一条条美丽的玉带，从山脚一直缠绕到山顶。七色福田在春天统一种植油菜花，花开金黄一片；在夏天统一种植水稻或四季豆，一片青绿色；在秋天水稻成熟又变成金黄色；冬天则是一片雪景白色。

项目组成员名单
项目负责人：潘　鸿
项目参加人：丁熊秀　严中辉　李竞升　朱霞青
　　　　　　林欲钦　陈奇斌　袁鹏挺　张慧健
项目演讲人：潘　鸿

图12　"清廉家风"廉政教育园
图13　母亲一生系列
图14　冠军之源效果图
图15　七色福田效果图

钦州白石湖公园景观设计

上海市园林设计院有限公司／李　锐

白石湖公园位于广西钦州新城，北接钦州老城区属钦州市 CBD 的中心景观，是新城建设中重要组成部分，上位规划对白石湖景观设计主要有两方面要求：一是要在设计中表现钦州的历史文化内涵；二是希望实现建设一个现代化国际都市的目标。整个公园的景观设计从文化要素的提炼、文化主题的演绎、文化内涵的提升三个层面进行文化创作，希望通过设计师特有的语言，将文化传承、延续融入景观设计中。

一、文化要素的提炼

钦州是一个拥有 1400 年历史的古城，盛产荔枝和坭兴陶。历史上众多的名人志士给钦州留下了不少宝贵的物质财富和精神财富，其中以齐白石三次游历钦州最为著名。钦州湿热多雨，适合荔枝生长，每年初夏一串串荔枝，形神兼具、鲜艳欲滴，"荔"与"利"谐音，象征吉利如意，画家多以入画。齐白石曾言"果实之味，唯荔枝最美"，且"入图第一"。齐白石曾经在回钦州路上，看见挺拔苍劲荔枝树上的荔枝果，画兴大发，一天连续画了七八幅荔枝图；难怪老人有"远游不复似当年，一月钦州食九千"；"朝朝梯上千回树，饱腹移阴席绿苔"的诗句，寄托着对美好生活的无限向往。为永铭这段奇缘，当地利用原有地形地貌蓄水成湖，建设了一处风光秀美的人工湖，命名为"白石湖"。

根据项目整体定位和功能要求，力求梳理和提炼出相应的文化要素。在白石湖公园景观设计中，通过对钦州本土荔枝文化、陶文化以及对城市发展有重要影响的名人的相关分析，结合城市发展的需求，提炼出公园景观设计中的文化要素，最终确定"白石文化"为公园的文化主题，打造钦州文化的新景观。

二、文化主题的演绎

在白石湖公园景观设计中，基于钦州传统文化，融会贯通，打造出新的文化。如对传统材料采用现代工艺加工，在设计中运用现代空间构成方法，打造具有传统园林意境的现代园林景观，让老百姓在具有现代使用功能的空间中体会到古代诗人吟诗作画的情境……应该说，文化"创作"注重的是设计手法的创新，而不仅仅局限于对传统文化的"依葫芦画样"。

（一）设计主线表达

齐白石集"诗、书、画、印"于一身，这在历代画家中非常少见，尤其是在篆刻方面的大胆创新更为凸显，他的篆刻从传统中出来，融会贯通，创立了属于自己风格的"齐氏印风"。在文化创作中将"印"作为整个公园的设计表达，也是基于齐白石大师在深刻理解传统文化的大胆创新的精神，这也是快速发展中的钦州所需要的文化精神所在，这里面包含了三个方面的含义。

一是再现"白石之长"；
二是凸显"公园之印"；
三是成为"城市之印"。

（二）主题演绎

在白石湖公园景观设计中，通过对齐白石艺术

图 1　设计推演过程
图 2　公园鸟瞰图
图 3　设计总平面图

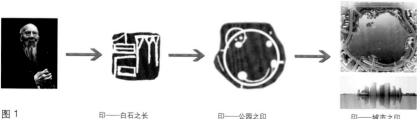

图 1

印——白石之长　　　　印——公园之印　　　　印——城市之印

的理解、挖掘，寻找与钦州的内在关联，在对"印"主题的表达上，提出了"诗、书、画、印"的总体思路并作了深化。设计中希望借助"诗、书、画、印"四个方面所涉及的要素，以一种文化创作的形式，综合、巧妙地运用到具体设计中。设计从"水墨钦州、诗意生活、白石印迹、书韵情怀"四个层面，表达出公园建成后对滨海新城景观乃至钦州城市的重要影响。

三、文化内涵的传承提升

公园景观设计集生态、功能、文化等多重目标于一体，为人们提供一个舒适的休闲空间。景观设计中的文化创作，并不是对传统文脉的简单阐述或集合。景观所提供的不仅是一个视觉的物质空间场所，更深层次的是景观能够展现人文空间的特性，成为城市居民的精神家园，最终实现文化内涵的传承和提升。

白石湖公园由"诗、书、画、印"四个主题景区组成，每个景区由各自主要表达的文化要素组成，同时景区之间又相互关联，共同诠释公园景观设计中的文化内涵。

（一）主题景区——"诗"

此景区位于城市景观轴上，是城市景观廊道上的亮点，也是城市景观序列上的高潮部分。主要通过"诗性的回忆"与"诗意的生活"将传统的文化与现代的需求很好地融合。

该景区主要由诗意湖湾和市民广场两大景点组成。其中诗意湖湾更多地满足市民对传统文化的回忆，这种回忆通过符号、空间或其他媒介传达给居民。由于时代的发展，这种需求往往更多的是一个简练的整体概念和意向，因此，在设计中我们通过一些现代的手法、技艺或材料加以体现，使之成为符合时代文化观念的景观，同时它又使人时刻陷入对历史、对传统文化的遐想中。

细节设计1：

将坭兴陶传统工艺中刻出花纹后的坯体，在其刻痕中填上另一种坭料，如填以白色坭料，趁坭湿时填充融合，可烧出红器白花、白器红花的效果。设计中将这种方式使用另外一种材质、技术加以演绎并应用在公园中的特色长椅上。在浅灰色的花岗石上雕刻花纹，然后在花纹中填充蓝色的树脂，形成灰底蓝花的特色座椅。这样既可以让市民直观地了解传统工艺，同时通过这种现代的表达及功能让市民对传统文化的传承和创新更加有兴趣。

细节设计2：

"诗性的回忆"对于钦州来说自然少不了这个城市与齐白石的奇缘，齐白石一直游历各地，后来在外地定居，但他的内心却是"故里山花此时开也"的思想。家乡草木作为一种自然信息随齐白石来到各地，并化作艺术信息传达出来。齐白石刻了许多寄托怀乡之情的闲文印，如"吾家衡岳山下"、"客中月光亦照家山"等，公园设计中将这些印章图案作为铺装，点缀在场地中。

细节设计3：

"诗意的生活"在现代社会，不再是如陶渊明一样隐居深山，也不可能像李白一样率性而为。它应该是在物质文明不断发展的现代社会中市民对精神文明的需求。他们需要场让自己的心沉淀，需要空间倾诉和交流。市民广场的设计在分析人与人之

图2

金 海 湾 大 街

安州大道

环 湖 路

0 20 40 80m

① 白石湖　　　⑤ 绿波栈影　　　⑨ 芳草地　　　⑬ 画韵书卷　　　⑰ 湿地栈道
② 庆典广场　　⑥ 城市建设主题馆　⑩ 艺术花园　　⑭ 咖啡吧　　　　⑱ 景观桥
③ 市民广场　　⑦ 香远清泉　　　⑪ 荔园　　　　⑮ 艺术沙龙
④ 诗意湖湾　　⑧ 滨湖展廊　　　⑫ 陶艺工坊　　⑯ "印"主题喷泉

图3

图4　诗意湖湾实景照片
图5　陶艺工房

荔"、"灵山香荔"、"桂味"、"糯米糍"等早、中、迟熟数十个品种的荔枝林,重现齐白石和友人赏荔、咏荔、画荔的场景。同时,荔枝果丰收季节,市民可品尝这些甜美的水果,体会白石老人"此生无计作重游,五月垂丹胜鹤头;为口不辞劳跋涉,愿风吹我到钦州"诗歌中对其无限的赞美。

细节设计2:

坭兴陶是中国四大名陶之一,也是钦州文化重要元素之一。公园中设计陶艺工坊以展示坭兴陶,并可为手工作坊业余爱好者提供亲自体验、感受的场地。在陶艺工房的庭院,采用坭兴陶形成特色的陶景墙,铺地也采用陶片作为景观元素。

细节设计3:

水墨画采用极少的色彩,达到丰富的意境。公园景观设计中,尝试用大地为纸、铺装材料为色,运用黑、白、灰三种颜色的材料,打造水墨画的效果,结合雾森效果,更突出水墨画独特的韵味。在虾韵广场更是选用齐白石画作中的虾作为创作源泉,用黑、白、灰三种石材将其描绘于场地中。

(四)主题景区——"印"

公园将水面、绿地、道路等作为阴刻、阳刻的关系,"印"主题景区即为整个白石湖湖面。北面为动区,规划有游船码头供游人游玩;南面为静区,以观赏为主,设计有大型艺术喷泉,整个喷泉以"白石印"布局,当喷泉启动时,整个湖面便呈现一个动态的"白石之印",当喷泉停止时,则水面隐约可见"印"的图案。

四、思考与体会

目前,白石湖公园已建成并向社会公众开放,景观设计中所蕴含的文化创作和愿景,正被逐步感知和体会。

白石湖公园的创作实践,让设计师真切体会到:一方面,我们需要更深刻认识城市发展中自然和历史文化遗产的价值;另一方面,城市发展需要更好地去尊重自然、尊重人、尊重历史,把握好对于文化的传承与发展。

项目组成员名单
项目负责人:朱祥明　李轶伦
项目参加人:李　锐　蔡　伟　贲宗利　鞠晓丹
　　　　　　励国明　孟舒方　刘　星　陆　健
　　　　　　张　毅　潘其昌　李　娟　姚　宇

间交流需求的基础上,对空间尺度、风格以及植物配置进行了专项研究,力求打造适合人们的轻松、愉快的交往空间。

(二)主题景区——"书"

城市的文化需要传承和发展,更需要学习和创新。城市规划展览馆、博物馆、文化馆等公建就是重要的传播文化的场所。公园的景观分区充分考虑上位规划的功能设置。

城市规划展览馆位于公园东南角,用于展示战时钦州的城市建设和历史资料,市民、游客可了解钦州城市、人文、历史等基本情况。展示馆外围景观设置有供市民阅读、学习的场所,该区域以具有降噪功能的植物和芳香植物为主,打造安静、舒适的空间。

(三)主题景区——"画"

齐白石主张作画"妙在似与不似之间",他的山水构图奇异不落旧蹊,极富创造精神。位于公园北面的"画"主题景区,由艺术花园和创意花园组成。在这里文化的传达更多的是一种自然风光的描绘,是人文故事的讲述。设计中利用特色植物打造水墨景观效果,同时结合荔枝文化、陶文化,采用现代手法、传统材料等诠释钦州新文化。

艺术花园为齐白石艺术的室外展示区域,在景观细节设计中,巧妙利用当地材料和传统图案等,表达白石文化中"画"的艺术含义。

细节设计1:

钦州是中国荔枝之乡,同时荔枝也是齐白石三次结缘于钦州的重要因素之一。为了更好地展示这段历史,景区设置了"三月红"、"妃子笑"、"黑叶

运用乡土元素塑造地域特色景观

——北京雁栖湖生态发展示范区公园设计

北京市园林古建设计研究院有限公司 ／ 郭泉林

党的十八大报告首次单篇论述生态文明，把生态文明建设摆在总体布局的高度来论述。中央城镇化工作会议也提出城镇建设要体现尊重自然、顺应自然、天人合一的理念，依托现有山水脉络等独特风光，让城市融入大自然，让居民"望得见山、看得见水、记得住乡愁"。在这样一个背景下，乡土景观设计越来越受到重视，北京雁栖湖生态示范区公园设计是我院利用乡土景观元素塑造地域特色景观的一次探索。

一、对乡土景观的理解与认识

乡土景观的内涵可具体解释为：自然风光、乡村田野、乡土建筑、民间村落和道路，以及人物和服饰等所构成的文化现象的复合体，是在当地居民与周围环境相互适应的过程中形成的，是复杂的自然过程、人文过程和人类的价值观在大地上的投影，是综合人类活动和土地的区域整体系统。

由此可看出，乡土景观是最朴实的景观，它具有自然生态的和谐性、人文的传承性、地域的特色性等特征。在规划设计中，运用乡土景观元素来营造地域特色景观具有深远的意义。

二、人文生态理念及乡土景观运用

北京雁栖湖生态发展示范区总体规划定位是国际一流的生态发展示范区，首都国际交往职能的重要窗口，具有国际峰会举办能力的重要功能区，北京高品质生态旅游和文化休闲胜地。规划范围东起怀丰公路，西至怀柔区雁栖镇镇界及下辛庄、柏崖厂村界，北起雁栖镇柏崖厂村界及中科院用地北边界，南至京通铁路。规划总用地2097.97hm²，其中林地990.21hm²、公共绿地及

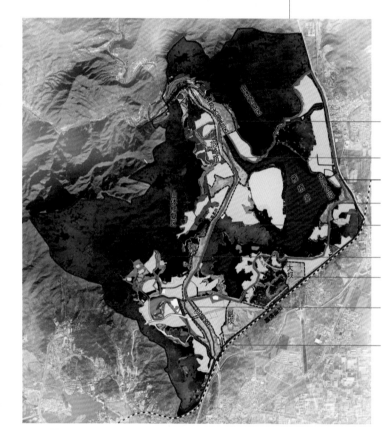

古槐溪语
柏崖印记
环湖绿道
雁栖畅观
翠荫掩黛
螺山霞妆
雁坝览胜
五峰秋韵
松云邀月

图1　平面图

图2　鸟瞰图

防护用地543.52hm²、水域249.69hm²、可开发建设用地280.66hm²、道路广场用地33.89hm²。

示范区以雁栖湖为中心，三面环山，雁栖河从西北流入，长城古堡隐约可见。因此，景观自规划之初至建设完成，一直秉承着"打造山水雁栖"的生态理念。本着尊重生态自然景观，最小扰动原有地形地貌的设计原则，借助先进的生态理念和生态技术，秉承中国园林"虽由人作，宛自天开"的造园精髓，以自然山水、乡土乡韵为景观特色，整合利用雁栖湖及周边山水景观资源、巧于因借、精于布局，打造融合于大山大水之间"望山、瞰水、忆乡愁"的生态人文景观。通过乡土景观塑造其独特的地域特色，体现出雁栖湖示范区的中国特色、北京特色、怀柔特色。

三、乡土元素的现状调研

北京雁栖湖生态发展示范区21km²，区域内青山叠翠、波光激滟，一幅天然山水画卷。规划公园绿地内原有大量村庄、果园和一些大树甚至古树。随着公园绿地的建设，村庄和违章建筑将被大面积拆迁。所以现状场地的乡土元素调查包括，拆迁前场地的典型乡土元素和乡土特征，以及拆迁后场地遗留下的可利用的乡土元素和乡土痕迹。分两类：乡土自然元素和乡土人文元素两类。

（一）乡土自然元素调研

1. 乡土生态环境

北京雁栖湖生态发展示范区现状山体植被覆盖良好，以常绿乔木——油松、侧柏、圆柏为主，山脚以针阔混交林、阔叶林为主，局部靠近村庄山体坡面开辟为果林。水域周围有少量落叶乔木，主要为旱柳、绦柳、杨树、榆树、槐树等，山谷地有成片的桃树等小乔。

现状植被应最大程度保留并保护山体常绿针叶林及针阔混交林。上游区域，山体上的果林苗圃可保留、利用。沿湖植物群落可在现状的针阔混交林及阔叶林基础上进行改造。景观带和视觉廊道上的农田、果园将被改造为景观植物带。这些可保留的现状树生长势和景观效果均良好，可构成场地的乡土气息。

2. 古树

在河道两侧的现状场地中有三棵古槐，东侧两棵并排生长在村口，树形高大，姿态优雅，冠大荫浓，是场地最重要的标志；西侧的古槐处于场地中间，临河边，"虚怀若谷"的中空树干和顶

部蜷曲的巨大枝干，使其号称京城古槐之最。随着岁月的变化，古槐树被平房建筑包围，周边的场地变高了，古槐树变成了一个"盆景"，被遗忘在不显眼的角落。

这三棵古槐，几百甚至上千年来一直默默守护这个山村，见证了乡村的发展和村民的生活往事。古树、河道和农家瓦房构成了一幅自然、安静、祥和的乡村画面。古槐树场地是最重要的乡土元素。

3. 雁栖河及滩地

雁栖河是雁栖湖上游的水源河道，浅浅的流动的河水与岸边的水草以及两岸平缓的河滩地，构成了一幅自然优美的乡野画面。

（二）乡土人文元素调研

1. 拆迁前的山村

拆迁前的柏崖厂村是怀柔典型的山村，具有浓郁的乡土气息。山村典型乡土元素包括农村的瓦房、卵石矮墙、菜地、篱笆、乡间小道以及生活生产用的石槽、水井、磨子、石碾子等。

2. 村落拆迁的遗迹

由于种种原因，原先自然祥和的柏崖厂村被拆迁变成了一片空旷的平地。在现状调研时，我们努力去寻找原先山村的一些乡土遗迹。庆幸的是，村庄拆迁后在场地遗留下一堆老瓦片和青砖，通过努力回收到一些遗存的乡土老物件如石槽、磨子、石碾子等。

3. 民俗风情

雁栖湖所在的怀柔区域拥有当地淳朴的民风民俗和乡土民情，如婚礼习俗、放河灯、杨树下吃敛巧饭等民俗都具有当地特色。这些民俗风情也是乡土景观的一部分。

四、乡土景观设计

乡土景观的设计过程就是对项目场地乡土景观元素的认识、理解、提炼，然后再创造的过程。因此，乡土景观设计应做到通过人文环境和生态环境的结合而达到和谐、融洽。为了达到这样的设计意图，雁栖湖生态发展示范区的乡土景观设计从三个方面考虑：乡土生态环境的延续、乡土景观空间的创造以及乡土物件和乡土材料的运用。

（一）乡土生态环境的延续——尊重自然、显露自然

乡土景观设计要与其所在的场地、生态系统取得和谐共存。景观设计界的先驱麦克哈格（Ian

McHarg）用"设计结合自然"来描述一个地理区域内的自然特性、生物特性和生态特性相一致的设计手法和开发模式。乡土景观设计需要对景观的生态背景进行充分的了解和认识，使设计的乡土景观融入周围自然环境中。其设计手法就是"师法自然"，着重于乡土"象"的延续和传达。源于自然、高于自然是景观设计的首要原则。

首先，在场地景观设计时，保留场地现有树木资源如河边的大片杨树和山前的果林，这些是场地最重要的乡土元素。

其次，研究大尺度植物配植设计手法，在大山大水之间，突出植物的自然氛围，与起伏开合的山峦融为一体，同时注重细节的处理，创造精美的画面感，以中国传统山水画为指导，追求植物配置的

图3

图3　现状图
图4　河东岸村口古槐树
图5　河西岸村中古槐树
图6　现状乡土元素
图7　乡野气息的雁栖河（实景照片）
图8　保留现状树形成的植物景观（实景照片）

图4

图5

图6

图7

图8

图9 大尺度的植物景观，延续乡土生态环境（实景照片）

图10 乡土品种植物的近自然群落配置（实景照片）

图11 拆迁后的现状古槐

图12 古槐广场建成实景照片

图13 拆迁后旧瓦利用

韵律美、与自然山水结合的融合美。例如范崎路迎宾大道，以高低错落、姿态优美的油松组团为植物特色，借缓坡、谷地等地势条件模仿雁栖山脉常绿树的脉络，形成松云层叠、蓝天与绿树相接、近树与远山紧紧相依的景观效果，打造具有地域文化特色的山水画境。

最后，运用乡土植物营造地域景观，大量采用怀柔本地乡土树种，适地适树。在本工程中选取了油松、桧柏、栾树、元宝枫、黄栌、山杏、山楂、栗子等在本地区长势较强、分布较广的苗木品种以及观赏草、乡土地被，采用近自然形态植物群落的配置，使新建植物景观与原有的山水景观浑然一体，并引导人们去体验自然、感受自然。

（二）乡土景观空间的创造——土地记忆、再现乡情

在乡土景观空间的设计表现上，着重于乡土"意"的表达，需要着重理解当地居民的行为与空间场所的关系。了解了居民的行为特征之后，对于空间的特性才能够很好地把握。与此同时，有利于人的行为活动的场所设计可以进一步促进当地文化的传承。哈普林曾说"在任何既定的背景环境中，自然文化和审美要素都具有历史必然性，设计者必须先充分认识它们，然后才能以之为基础决定此环境中该发生些什么"。

在雁栖湖乡土景观设计中，我们调研分析当地居民生活方式和场地条件，通过"保留"和"再现"的方式，创造了多种乡土景观空间，留下场地的记忆，再现乡情。

1. 乡土场景的展现

（1）古槐溪语

据资料记载，这两棵古槐的历史可以追溯到汉代，是北京现存的最古老的国槐树。而国槐对于北京城来讲也总是带给人一种抹不去的记忆。自元代建都以来村庄、四合院乃至井台旁，都有一棵高大茂密的老槐树。人们最喜欢在树荫下乘凉、下棋。

在场地设计时，在古槐树下设计布置了一口古井，再现村头古树古井的乡土意境。用村庄拆迁留下的老瓦作为老槐树下场地的铺装材料，希望可以在游人的脑海中涌现出山水间古老村落的悠然画面。在古槐广场北侧，用乡土的青砖、瓦片和传统的青花瓷，创造一种朴实的乡土建筑空间，记录着场地的乡土民俗，展现区域人文与自然环境。

古槐场地与河滩之间是高差4~5m陡坎，且杂乱地生长着一些大杨树，景观效果较差，并且存在安全危险。场地设计时，借鉴怀柔山区的梯田处理手法，利用怀柔当地的石材，把杂乱的陡坎处理成三层台地花田，现状大杨树自然分布在不同高程的台地中。在杨树下的台地中种植不同的乡土宿根花境。"台地花田"既体现了场地区域的乡土气息，又创造了特色景观。

图9

图10

图11

图12

图13

（2）记忆花圃

在场地设计时，保留地块中原村庄的肌理，在林下的林窗中营造村庄的小空间，保留村庄的记忆。井台、残墙、石槽、菜畦、藤萝架、游戏沙坑，希望能够留下一丝这块土地曾经的痕迹，再现场地中村庄记忆的一个片段。

（3）柏崖印记

据专家考证，场地的古槐为"汉槐"，距今已2000多年，号称京城"古槐之最"。古槐记录着一段变迁历史，在此可静静聆听古槐讲述雁栖湖畔的古往今来，感悟历史与生活。设计结合场地的高差，形成高的眺望平台和低的亲水空间，尽量保留场地的痕迹；向东可远望波光粼粼的湖水和夕阳西照的柏崖，体现了场地原先"水村闲望"的乡土意境。

2.乡土氛围的营造

场地的乡土景观设计一般是多种乡土的"物"和乡土的"事"的联合运用，在一定区域内通过量的积累和升华达到氛围的营造。在雁栖湖生态发展示范区乡土景观设计中，在环境方面，我们延续了场地区域的乡土环境；在人文空间方面，我们通过不同的方式再现区域的乡土场景，还大量运用了乡土材料，营造乡土氛围。

（三）乡土材料的运用

1.乡土老物件的再利用

在雁栖湖生态发展示范区乡土景观设计中，我们收集了一些乡土老物件，如：古井、石碾子、石磨、古井、石槽等，这些老物件本事就是一种乡土的景观。我们结合这些老物件设计一些场所，把这些老物件经过简单的加工，直接摆放在场地中。这些乡土物件在乡土环境中，体现出强烈的地域标识性。

2.乡土材料的加工利用

园林建设中直接运用乡土的自然材料，如：瓦、石材、木、砖、陶等，并通过造景手法处理使普通的材料变得不普通。乡土材料是最生活化、最方便可取的资源，也最能反映场地特点。园林创作中广泛使用乡土材料可以降低造价、节约经费，

图17

图14　古槐溪语建成实景照片
图15　记忆花圃建成实景照片
图16　柏崖印记建成实景照片
图17　神堂在望建成实景照片
图18　乡土物件再利用
图19　乡土材料的利用

图14

图15

图16

图18

旧瓦片铺装　　旧瓦片铺装　　瓦片景墙

瓦片与青砖墙体

卵石矮墙　　卵石挡墙

碎瓷片铺装　　石板路　　卵石路面　　砂石路

图19

图20

图21

图22   图23

图24

同时也能使不同场地景观更具个性，更能反映出地域特色。

在古槐溪语的乡土景观设计中，我们利用村庄拆迁留下的瓦片做铺装，用青砖设计景墙和景观廊架，用当地的石材砌筑台地花田，用河滩收集的卵石做卵石景墙、自然卵石驳岸和卵石路面，用水利的we砖设计生态驳岸，用碎石铺路，用碎陶瓷做地面拼花。在整个项目设计中，乡土材料的灵活运用营造出乡土质朴的细节。

五、结语

乡土景观作为一种风土与文化传承的场所而存在，是一种社会生活的空间，是人与环境的有机整体。设计中应尊重场地精神，体现人性关怀，使不同的地域乡土景观得到发展。在突出地域景观特色的同时，尊重自然客观规律，发挥生态效益，更好地保持生态环境的和谐稳定。

现在社会越来越关注乡土气息和回归自然，乡土景观的设计无论在现实层面还是理论研究层面都将有积极意义，值得我们去关注和研究。

项目组成员名单

项目负责人：朱志红　张新宇

项目参加人：郭泉林　李松梅　杨　乐　王　晨

　　　　　　李　林　岳玉凤　郭　祥　程　铭

　　　　　　李海涛　宋立辉　龚　武　孟祥川

　　　　　　白　寅　刘　晶　张东伟

项目演讲人：郭泉林

图20　自然驳岸的处理
图21　五峰秋韵建成实景照片
图22　雁坝览胜建成实景照片
图23　松云邀月建成实景照片
图24　雁栖畅观建成实景照片

绿野隐于市

——江苏大阳山国家森林公园植物园景区

苏州园林设计院有限公司／沈思娴

正如卢梭所说："这个世界的启示在荒野"，
自然对我们的启示，
不仅在智慧上更在灵性之中。

一、项目规模

江苏大阳山国家森林公园地处苏州高新区核心，西临太湖，东距苏州古城 16km。森林公园总占地面积 1030hm²。公园是苏州市区为数不多的自然山林胜地，使平原地貌呈现出灵秀的山林景观。这里是苏州城区最大的国家森林公园、国内山地宕口生态恢复与开发利用的典范，是以"森林人文田园温泉"为特色的综合性森林旅游度假胜地。

植物园景区位于公园南部，毗邻太湖大道，为苏州市民进入大阳山国家森林公园的最重要门户。规划面积 86hm²，景观工程建设总投资约 2.98 亿元。从 2010 年 2 月由苏州园林设计院开始规划设计工作，于 2010 年 7 月完成方案设计；2012 年 3 月完成植物园施工图设计，现公园一期二期已全部建成向游客开放。

二、项目定位

定位一：注重体验的植物科普园。

苏州拥有甲天下的古典园林，但是随着苏州城市发展的逐步推进，苏州缺少植物园的这一现状却与苏州的美好城市形象不符。苏州现有的两个植物园更加偏向于城市公园，没有体现植物园特殊的功能要求和科普作用。

大阳山国家森林公园植物园景区的建设，将弥补苏州没有专业植物园的遗憾，同时对提高苏州区域植物资源保护和开发利用及植物景观示范有着重大意义。

定位二：自然生境中的心灵花园。

自然环境能帮助人将注意力从日常工作的环境解放出来，越接近原始自然状态，越能使人释放压力。利用这块苏州市区为数不多的自然山林胜地，规划尽力模拟自然状态下的植物环境，为久居城市的人们带来隽永的心灵体验。

图 1　区位图

图 2 鸟瞰图
图 3 总平面图
图 4 湖边效果图
图 5 山水相依的空间格局
图 6 本园植物分类体系
图 7 花溪效果图

图 2

1 桂花园	25 儿童植物园
2 树木园	26 苏式盆景园
3 系统进化园	27 药用/芳香植物展示区
4 菖蒲泉	28 苗圃管理用房
5 菖蒲茶庄	29 温室大棚
6 梅园	30 引种苗圃
7 水落枵影	31 管理出入口
8 山地木栈道	32 景区东入口标志
9 陆绩（廉政）纪念馆	33 生态停车场
10 次入口	34 消防队
11 办公管理用房	
12 主入口广场	
13 宿根花卉园	
14 弧形亲水平台	
15 架空木栈桥	
16 游客服务中心	
17 配套服务用房	
18 滨水大草坡	
19 配套商业水街	
20 水森林	
21 景区西入口大门	
22 户外烧烤区	
23 菖蒲溪谷	
24 观赏温室/标本馆	

图 3

三、规划目标

植物园主要有四个层面的目标，每一级目标都为下一级目标提供必要条件：

一级目标：为当地生物保育提供栖息地和庇护所。

二级目标：苏南地区植物迁地保护和研究。

三级目标：苏州市民的植物科普教育。

四级目标：城市中回归自然的环境体验。

四、山水相依——山水格局特色

植物园规划选址地形变化较大，向大阳山山体逐渐升高，山势起伏大，可以塑造丰富的景观空间类型，山体南侧是江南特有的水网地带，为突出江南特色奠定了基础。本规划因地制宜，将基地现有的山水特色发展成植物园的规划结构骨架。梳理水系，形成源流聚会；远山近景，相映成画。

设计中形成的大小水面错落有致，水体形态丰富，将大水面拉近大阳山，使山水结合更加紧密。植物园地形被分割成三大岛屿与一系列小岛屿，幽深的水巷则蜿蜒穿插于各植物展览园内。水系以外的绿地依托山势，形成北高南低的地形，复杂的地形既有利于不同类型植物的生长，也增加了游览的景观性与趣味性。

经过竖向改造，景区形成了独特的山水骨架，这也是本次规划试图将之区别于其他植物园，形成自身特色的措施之一。

图4

五、植物景观特色

在大阳山区域，有维管植物333种，隶属于103科，245属。公园被子植物属的系数（属数/种数）为0.73，表明公园的生境条件较为一致。种植规划在保育现有植物资源的基础上，适当增加部分乡土和野生植物品种，注重本土性、地域性，在生境培育的理论支持下，提高植物对小生态系统的适应性。在保持植物园新生境的强健稳定的基础上，逐步引进外来物种。

植物园整体植物规划分为北部科普区和南部观赏区。北部按照科学系统将植物园规划为：植物进化园、裸子植物园、被子植物园，其中裸子植物6科，23种；被子植物中含双子叶植物26科，202种，单子叶植物2科，14种。

南部观赏区中，我们选择观赏性、科普性较强的植物品种分区块种植，以一条花溪为轴，详细分为四季观赏林和主题特色林，以植物的季节变化触动人们内心的感受。四季观赏林以四季特色植物形成专类园，其中春景植物园有樱花园、海棠园；夏景植物园有薰衣草园；秋景植物园有红枫园、紫薇园、桂花园；冬景植物园有梅花园。主题特色林包含水生、湿生植物园，珍稀、濒危植物，温室，儿童植物园，阴生植物园，药用植物园，芳香植物园，盆景园，形成多元化的植物主题公园，力求达到融植物科普于休闲体验之中。

图5

图7

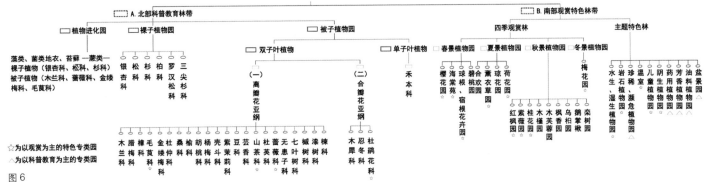

用地核心区植物体系规划

图6

☆为以观赏为主的特色专类园
△为以科普教育为主的专类园

重建老城区居民滨河景观体系

——北京东南二环护城河休闲公园景观设计

北京北林地景园林规划设计院有限责任公司

一、项目概况

本项目位于北京市东城区东南二环护城河沿岸，东起东便门桥，西至玉蜓桥，项目全长4763m，总面积10万m²。

二、项目周边

东南二环护城河休闲公园外侧紧邻东南护城河，内侧则临近各个时期新老居住区，该地区的建设可为周边居民提供充裕便捷的休闲交往空间，对于宜居城市的营建具有重要作用。项目的建设将进一步完善绿地系统布局，缓解现有公园绿地的压力。

三、设计定位

(1) 北京城传统与现代和谐融合的见证，文化变迁、多彩生活的记忆之环。

(2) 护城河和城市绿地有机结合，形成一道绿色之脉。

(3) 内侧服务住宅，外侧有护城河相伴，形成极具特色的景观体系。

四、设计布局

两线十点。

(一) 两线:

休闲文化脉，绿色生态脉。

休闲文化脉:以景点的形式为载体，以东线与南线市政路内侧的约20~30m宽度范围内的绿地为基底，分布景观节点，对崇文非物质文化遗产与传统民俗元素进行提炼，将文化内涵赋予景观实体，并以统一的风格呈现，使分布相对零散的地块形成整体感。

绿色生态脉:以带状绿地的形式为载体，东线和南线的护城河绿地整体较为连续，以统一的绿色理念贯穿始终，注重植物的搭配体现季相变化特色。

图 1 项目位置
图 2 现状图

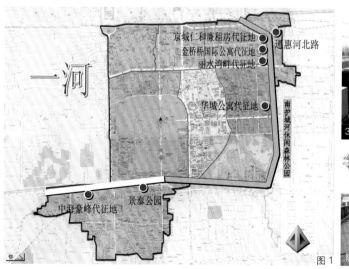

图 1

30~50m 宽绿带

零碎的场地

防洪护堤

堤顶路

图 2

（二）十点

（1）巧艺拾葩。

（2）中和韶乐。

以天坛神乐署中和韶乐为基本元素，抽象化融入景观设计中，体现老北京传统风貌。鼓及舞动的飘带以抽象简约的形式体现在场地中。

（3）御匠遗风。

以老北京著名御匠的杰出名作为主要设计灵感，展现京城特有的风韵。景墙上以文字的形式简单介绍原崇文区非物质文化遗产，如民间音乐、民间舞蹈、民间美术等等。

（4）左安环翠。

（5）城南迭艺。

将老北京养金鱼传统为基本元素，抽象化融入景观设计中，围合成一个庭院，将鼓、鱼等作为座凳小品，乐作为抽象符号体现在景墙上，体现老北京传统风貌。在景观小品细节处理采取与漆雕工艺结合手法，展现老北京古香古色风韵。

（6）春和景明。

抽象古典廊架结合祥云纹样体现全园的设计宗旨，简易的休闲座椅为周边居民提供休闲舒适的场所。

（7）广渠晴虹。

（8）秋水长天。

市政路向内侧偏移，河坡第二道挡墙也随之偏

图3　总平面图
图4　中和韶乐
图5　御匠遗风
图6　城南迭艺
图7　春和景明
图8　秋水长天
图9　玉蜓夕照
图10　南城非物质遗产

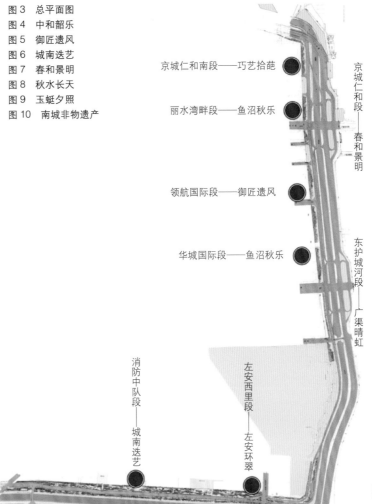

京城仁和南段——巧艺拾葩

丽水湾畔段——鱼沼秋乐

领航国际段——御匠遗风

华城国际段——鱼沼秋乐

京城仁和段——春和景明

东护城河段——广渠晴虹

消防中队段——城南迭艺

左安西里段

左安环翠

081

消防中队段——樱棠流霞

左安门桥段——秋水长天

玉蜓桥畔段——玉蜓夕照

图3

图4　图5

图6　图7　图8

图10　方城见方五　文三尺五寸　图9

图 11　总鸟瞰

图 11

移，使陡坡变成缓坡绿地，增加植物种植层次，成为市民亲水空间。

（9）樱棠流霞。

（10）玉蜓夕照。

以玉蜓桥观赏夕阳为主要景观特色，植物种植以低矮品种为主，营造一个开敞，视线开阔的景观环境。

五、主要特色

（1）注重细节的打造，使总长度 5km、分布相对零散的条状公园地块形成统一的风格。

（2）京城文化元素的运用与休闲绿地结合。

（3）临水的防洪堤岸景观化，使陡坡变成缓坡绿地，成为市民亲水空间。

（4）以民间非物质文化遗产为设计灵感来源，对崇文传统民俗元素进行提炼，将文化内涵赋予景观实体中。

（5）以现代的形式诠释老北京的生活，使传统的邻里交往模式得到复兴和升华。

（6）保留原有大树，增加园林绿地色彩，成为新优彩色植物试验工程的重要试点段。

（7）几十种数万棵彩叶植物的大量使用使东南二环护城河成为秋季京城内观赏红叶重要的景点之一。

目前公园共计 10 万 m² 的面积已经建设完成，建成了"春和景明"、"中和韶乐"、"御匠遗风"等景点，打造了"秋水长天"、"樱棠流霞"、"玉蜓夕照"等生态景观。现已全面交付使用并免费对市民开放，成为京城必不可少的一道亮丽的风景线。

项目组成员名单

项目负责人：张　璐

项目参加人：吴婷婷　项　飞　孟　颖　张亦箭
　　　　　　许天馨　石丽平　马亚培

项目演讲人：张　璐

丰台王佐自行车公园低干预设计的思考

北京山水心源景观设计院有限公司／王长宏

一、引言

本案总设计面积约 60.2hm²，位于北京市丰台区王佐镇，距北京市区约 25km，西临西六环青龙湖出口，交通便利快捷，区位优势明显。项目位于北京市第二绿化隔离带之上，是王佐镇主干道——泉湖东路与西六环的交点，是北京市以及王佐镇重要之景观与功能节点。王佐镇以生态旅游为主要产业与地方特色，本案的自行车公园是其系列旅游与游憩地中的重要组成部分。

随着近年来社会发展速度之相对放缓与环境问题的备受关注，生态设计与节约型园林逐渐受到认可与推崇，现状改造型项目日益增多，生态郊野型公园越来越受到大众青睐。王佐自行车公园是以自行车健康运动为主题的现代自行车健康运动郊野公园，采用了低干预的设计策略，是基于现状改造的节约型园林，体现了生态、自然的设计理念。

二、场地条件

项目场地被泉湖东路横穿分隔为南、北两部分，场地西临西六环，北临居住区，东南侧为林家坟村。场地现状为苗圃地，乔木长势良好，条件优越。场地南部存在大量现状道路，部分道路为 3~4m 混凝土路；场地制高点位于西侧一处现状土丘之上，南部地形相对复杂，存在两条现状雨水草沟，北部相对平坦、低洼，且在临泉湖东路部分存在 20° 左右长陡坡。

三、项目定位与设计策略

项目定位为"集生态郊野、健康休闲、趣味活力、互动体验于一身的现代自行车健康运动郊野公园"。

由于北京目前还没有综合性自行车公园，本项目有着很大的潜在使用者，加之优越的交通与区位条件，我们认为在未来其有潜力成为"北京知名的、特色的、好玩的自行车郊野公园"。

主要设计策越有二。一是最低干预策略，即最大限度地利用现状资源、保留全部的林木、尊重场地原属性与特点，并适当地进行有节制的人工干预与改造，形成人与自然对比之美。二是功能优先原则，即布置相对大众化的、符合各年龄群的、趣味丰富的（"好玩的"）自行车活动内容，让公园成为极富吸引力的场所。

四、设计分析

公园分为四个景观与功能区：停车试玩区（6hm²）、健康休闲区（26.7hm²）、活力运动区（17.5hm²）、畜力体验区（10hm²）。公园南部区域相对大众化，老少皆宜，以休闲活动为主；公园北部区域主题性相对较强，更富活力与趣味性。

（1）停车试玩区：环绕现状土丘布置停车组团五处，约 300 个车位；利用现状土丘开辟螺旋速降试玩道，形成停车服务与试玩体验之区域。

（2）健康休闲区：保留并利用大部分现状道路，加以串联，形成休闲骑行主环路与野趣骑行小路等

图 1

图 1　场地现状图

图2

休闲骑行线路；对现状雨水草沟以及低洼地加以利用与改造，形成一处约3hm²的水面与水景；在入口区与水面附近打造两处主要活动场地；南部区域设置自行车迷宫园一处；西部林下设置露营区。

（3）活力运动区：南部区域利用现状陡坡设计自行车速降道四条；中部区域设计为自行车娱乐活动广场；北部区域打造为小轮车体验赛道。

（4）畜力体验区：打造为以"畜力"为原动力之趣味体验园，布置大型畜力（牛、马等）车、小型畜力（羊、狗等）车两条环线；东北部布置畜力饲养与参观区。

五、结语

自行车公园采用了最低干预之设计策略。一方面，保留全部现状林木、对大部分现状路进行利用与改造、对现状雨水草沟与低洼地进行疏通并改造为水景、利用现状土丘布置螺旋式试玩道、围绕土丘布置停车充分利用破碎场地、利用现状陡坡设计自行车速降道、对现状草坪区进行保留改造为阳光草坪活动区、尽量少动土方、尊重场地原有属性与特点；另一方面，适当进行人工干预与改造，如对上述资源改造时强调人工的工程化、精细化与现状自然的粗犷柔美之对比、对公园入口、活动场地等进行精细之现代设计、对场地边界加强人工界定等等。总之，最大限度保留利用现状资源，因地制宜并进行适当合理的改造与干预，形成人工与自然对比之美，不但节约成本，也是对人与自然和谐关系的一种体现。

项目组成员名单
项目负责人：王　智
项目参加人：王长宏　邓　川　张　婷　王　菲
　　　　　　解庭禄
项目演讲人：王长宏

图3

图4

图5

图6

图2　总平面图
图3　水景
图4　自行车迷宫
图5　林下露营
图6　北区入口

南京玄武湖公园东岸综合整治

南京市园林规划设计院有限责任公司／李浩年　李　平

一、项目背景

　　"山水城林"是南京的城市之魂，玄武湖古名后湖，位于南京城中，是中国最大的皇家园林湖泊。巍峨的明城墙，秀美的九华山，古色古香的鸡鸣寺环抱在右，北宋文学家欧阳修这样赞誉玄武湖"金陵莫美于后湖，钱塘莫美于西湖。"

　　2004年，易道公司完成了《南京市玄武湖景区详细规划》，确定玄武湖景区三线、四湖、五洲的总体空间格局，将玄武湖东部片区定义为城市风尚公园和休闲娱乐湖区；在2007～2012年期间，市建委先后针对环湖路、五洲实施了环境综合整治工作。

　　2013年5月，AECOM完成了《南京玄武湖景区东部片区的城市设计》，将玄武湖景区东部片区重新定义升级，确定东部片区是衔接古城、玄武湖、紫金山区域的重要枢纽，透过东部片区，让玄武湖成为南京旅游新门户，让东岸景区成为钟山玄武湖景区的总枢纽，让区域内的国展中心和太阳宫成为南京游憩时尚新地标。

二、总体格局

　　玄武湖东岸地区环境综合整治工程，北至翠洲门区域、南至太平门区域、西至龙蟠路、东至玄武湖十里长堤；基地东西向腹地宽约500m，南北向长约1600m；工程占地面积约50hm²。

　　景观设计遵循城市设计思路，提出"山水之间、风尚东岸"的总体设计理念。整体形成"一脉两廊三园"的空间结构，分别为：一脉：风尚大道；两廊：国展南侧道路、花卉大道；三园：草药园——旅游观光体验区、花卉园——旅游文化休闲区、阳光园——旅游综合服务区。形成六个主要的景点：百草凝翠、水岸听风、印象教堂、浪漫花园、长桥微澜、阳光栈道。

三、设计策略

　　针对项目特点，提出以下重要解决策略。

　　（1）空间策略：强调南北、东西向视线及空间的通透连贯，加强城与水、城与山、山与水、人与山水之间的联系。

　　（2）交通策略：承担钟山玄武湖旅游系统的总枢纽，形成外部、内部、陆地、水面完善便捷的交通系统，同时解决作为旅游集散地的停车、换乘问题。

　　（3）生态策略：

　　1）优化紫金山沟、岗子村沟、唐家山沟（山

图1　玄武湖及周边景点分布平面图

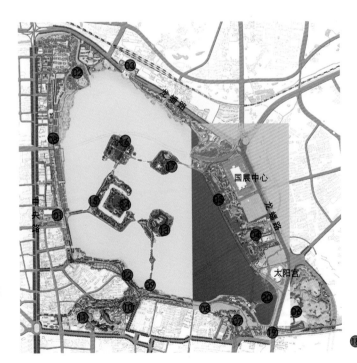

01 玄武门
02 神策门
03 南京火车站
04 玄武湖东岸
05 十里长堤
06 白马公园
07 九华山公园
08 明城墙
09 解放门
10 鸡鸣寺
11 北极阁
12 台城
13 菱州
14 樱州
15 环洲
16 梁州
17 翠州
18 钟山风景区
19 太平门
20 阳光栈道

图2 玄武湖东部地区总平面图
图3 望紫峰
图4 望紫金山
图5 叠水
图6 水花园
图7 紫金山沟

体排洪沟）的排水设计,优化河道形态及景观设计。

2）优势植物的保留和大空间特色景观的营造。

（4）文化策略:保留场地内具有记忆印记的景观设施,并通过新的形式传达场地的文脉。

（5）景观策略:增加激活东部地区活力的建筑、桥梁、构架等设施,满足作为旅游集散地和旅游目的地的功能需求。

四、项目重点

（一）堆山理水，构建山水格局

1.梳理东部场地与紫金山玄武湖的山水关系

对场地内原有坡地和植被群落进行整理,形成高低起伏的场地竖向空间,与背景紫金山镶嵌交错,形成山影重叠的景观效果。

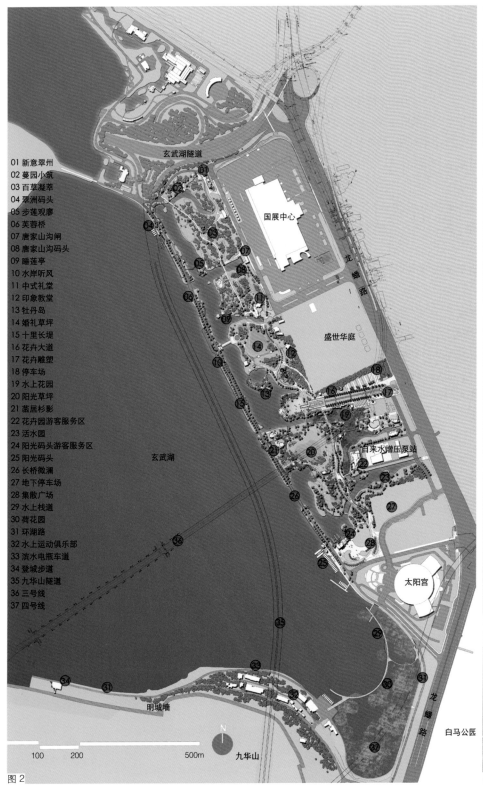

01 新意翠州
02 蔓园小筑
03 百草凝萃
04 翠洲码头
05 步莲观廊
06 芙蓉桥
07 唐家山沟闸
08 唐家山沟码头
09 睡莲亭
10 水岸听风
11 中式礼堂
12 印象教堂
13 牡丹岛
14 婚礼草坪
15 十里长堤
16 花卉大道
17 花卉雕塑
18 停车场
19 水上花园
20 阳光草坪
21 茵居杉影
22 花卉园游客服务区
23 活水园
24 阳光码头游客服务区
25 阳光码头
26 长桥微澜
27 地下停车场
28 集散广场
29 水上栈道
30 荷花园
31 环湖路
32 水上运动俱乐部
33 滨水电瓶车道
34 登城步道
35 九华山隧道
36 三号线
37 四号线

玄武湖隧道
国展中心
龙蟠路
盛世华庭
玄武湖
自来水增压泵站
太阳宫
白马公园
明城墙
九华山

100 200 500m

图2

图3

图4

图5

图6

图7

2.玄武湖冲洗水与景观场地的结合

玄武湖东部片区内部水系原与大湖面水体互不沟通，且高于玄武湖湖面50cm，设计将内部水系通过桥体与大湖面局部沟通，便于水上交通游览；同时保留一部分高水位湖面，作为水花园景观区域，并将位于大湖的两个玄武湖冲洗水源引入东岸水系上游，形成景观叠水，既加强内部水循环，又丰富了景观效果。

3.山体排洪沟的优化

连接紫金山和玄武湖的山体排洪沟，共有3条，设计时，根据不同的特点进行优化设计。唐家山沟重新设计钢坝控制雨洪期的雨水、设置拦污设施防止冲沟内垃圾进入湖区，行洪主通道与两侧湖面相接处，设计岛屿，减少残留污染物对大面积湖水的污染。紫金山沟截弯取直，缩短洪水过境距离，在保证河床断面宽度的前提下，恢复两侧生态自然式驳岸。岗子村沟采用管道截留，保证景观界面的完整。

（二）游憩沟通，联系山水内外

利用管涵桥梁联系场地网状水系，沟通各区域与外界的联系，实现山水城空间上的互通和景观上的融合。

1."钟毓桥"

位于十里长堤的"钟毓桥"为五孔石微拱桥，通车通船。因中山先生曾经评价南京"此地有高山，有深水，有平原。此三种天工，钟毓一处，在世界中之大都市诚难觅此佳境也。"故得名。钟毓桥正是南京城"山水城林"的最佳观景点。

2.风尚大道

将原来桥涵的形式融入风尚大道中，通过景观叠水、铺装的设计弱化桥体形态，形成丰富的滨水活动空间。

3.休憩园路

自然流畅的曲线造型在绿地间蜿蜒，采用灰白色花岗岩和红褐色陶土砖相结合，空间清新明朗，材质细腻自然。

4.阳光栈道

联系钟山玄武湖风景区与明城墙风光带的重要枢纽，完善玄武湖环路游览系统重要的节点，承担旅游集散、交通、观景、休闲等功能，满足游客及市民在便捷、安全、低碳的前提下，环湖慢行、健身休闲的功能需求。采用浮筒结构、金属栏杆以及防腐木铺面。

图8 唐家山沟
图9 钟毓桥
图10 景桥
图11 风尚大道
图12 园路
图13 莲实
图14 比翼鸟
图15 原有教堂

图8　　　　　　　　　　　　图9　　　　　　　　　　　　图10

图11 　　　　　　　　　　　　图12

图13　　　　　　　　　　　　图14　　　　　　　　　　　　图15

图 16

图 17

图 18

图 19

图 20

图 21

图 22

图 23

图 16　栖枝
图 17　鹊桥
图 18　花庭院
图 19　阳光小筑
图 20　水花园
图 21　尚花园
图 22　水花园
图 23　阳光草坪

（三）停留驻足，分享山水光阴

1. 景观设施的保留与文化的延续

将原情侣园内教堂、丘比特爱神广场等承载上一辈人美好记忆的建筑设施保留，将原花卉大道上紫荆花雕塑、花卉林荫大道保留，并结合情侣文化、放置"莲实、双栖、比翼鸟、鹊桥"等景观雕塑，将空间主题进行延伸，在空间上结合区域位置形成各具特色的主题园，包括尚花园、花庭院、水花园、蜜花园、乐花园等。

2. 新景观建筑设施的设置，满足休憩、游乐等功能

新建景观建筑以"亲水"为主要特征，以轻巧的平屋面造型融入周边环境，外立面装饰以竹、木、陶板、玻璃等材料为主，体现山水之间清新怡人之风，功能主要以游客服务、花卉售卖、文化艺术展示等功能为主，有菡居杉影、阳光小筑、花园小筑、步莲观廖等。景观设施采用钢木结构，同时构筑物结合垂直绿化设计，取"蔓亭"与园内花卉植物主题相呼应。

3. 开敞空间满足开放式公共绿地的景观特征

将传统园林造景手法与现代景观设计相结合，利用植物做背景，分区域设置一定范围的公共开敞空间，满足游人户外游憩、运动、交友、聚会等需要。

五、结束语

位于"紫金山下，玄武湖畔"的玄武湖东岸，为大家提供了一个展示南京"山水城林"风貌的最佳场所。她让我们感受到生态的意义、文化的价值、景观的魅力。让我们在东岸相遇，在南京相遇。

项目组成员名单

项目负责人：李浩年　李平

项目参加人：李平　陈伟　郑辛　崔恩斌
　　　　　　陈啊雄　燕坤　高俊彦　李凌霄
　　　　　　邵俊昌　樊晓　李晓萌　陈兰汶
　　　　　　许维磊　夏天

项目演讲人：李平

青岛市太平山中央公园景观改造规划设计

青岛园林规划设计研究院有限公司 ／ **李成基　刘海燕**

一、前言

青岛依山傍海，风景秀丽。太平山中央公园地处青岛城市中心，位于新老城区两翼围合的中心地带，南面大海，属青岛滨海旅游风景区重要的组成部分。特定的地理位置，使其成为城市生态、文化和空间脉络发展的核心，承担城市绿肺功能。

太平山中央公园的前身是始建于1901年德占时期的中国最早、规模最大的树木场；1929年更名为中山公园，为中国最早的公园之一。

太平山中央公园总面积236.48hm²，包括中山公园、植物园、动物园、榉林公园、青岛山公园、文化名人雕塑园、汇泉北广场、湛山寺及革命烈士纪念馆。

二、公园历史及现状分析

（一）优势资源

1. 太平山中央公园由功能多元的部分组成

太平山中央公园是青岛市内最大的综合公园，包含以动物、植物为主题的专类园区和展示城市人文历史的纪念性园区。

图1

图2

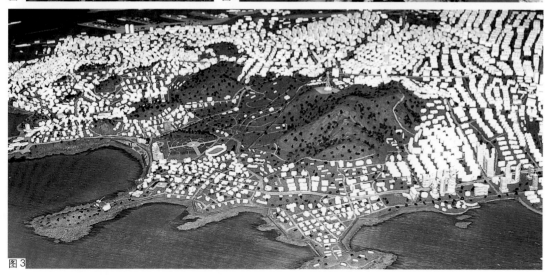
图3

图1　青岛景色
图2　海上望太平山
图3　太平山与海滨岸线的关系

图 4　德占时期树木场
图 5　公园内园区分布图
图 6　公园内景致资源

图 5

图 6

2. 独有的自然资源

园区内地形起伏错落、岩石形态各异、空间开合有度、水体星罗棋布，具有诸多的优势自然资源，尤其是绿化植被资源丰厚。

青岛是中国最早一批从国外引种刺槐、悬铃木、雪松、樱花、黑松的城市之一。樱花大道闻名遐迩，植物研究的诸多成果显著，"南茶北引"、"雪松人工授粉繁殖技术"的成果曾获国家级大奖；市内观赏及文化历史价值较高的古树名木 534 棵（37 科、57 属）。

3. 极具价值的人文景观

城市起源——中山公园内部的会前村遗址，承载着青岛百年前的城市起源，是整座城市的发祥地。

第一次世界大战遗址——太平山的东、西两侧山头保留有亚洲独有的一战战场遗迹。

特色建筑——欧式风格的历史建筑。

4. 丰富的视觉观景通廊

山与城市互为对景，太平山中央公园已成为城市道路和沿海一线的对景景观，同时，也是登高观海和观城市的绝佳视角。

（二）影响公园品质和发展亟待解决的问题

配套设施陈旧不健全，发展状况不平衡；交通系统不完善，停车位不足，道路损坏严重；上水下水系统不健全，部分园区依然采用旱厕、化粪池；水系分散，未形成合理的循环系统，储水能力较弱，缺乏良好的水系景观；局部区域植物层次色彩缺乏变化，超负荷游客造成植物破坏、黄土裸露，各别园区中低空间植物不足。

三、规划定位及分区

（一）规划原则

公园整治依据太平山总体规划中"尊重公园百年历史，遵循生态、保护"的宗旨，保护现状古树名木和历史建筑，以拆违搬迁、完善功能、绿化提升为原则，进行公园的整治建设。

（二）规划定位

按照"传承百年历史文脉，塑造东园花海璀璨，弘扬生态保护发展，构建太平盛世和谐"的主题，把太平山中央公园定位为：集生态绿肺、植物科普、休闲健身、历史文化、旅游观光等多功能为一体的城市综合生态公园，创建世界一流公园。

图7

图8

图9

汇泉湾

太平湾

栈桥湾

图10

公园破旧大棚

渗漏破裂

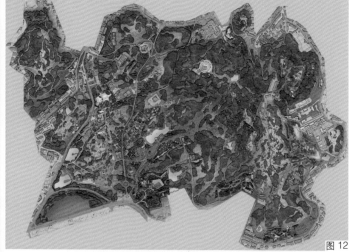

图12

植物园旱厕

图11

图13

图7　会前村遗址
图8　一战遗址
图9　欧式历史建筑
图10　浮山看海
图11　公园内部的陈旧设施
图12　公园总平面图
图13　公园鸟瞰图

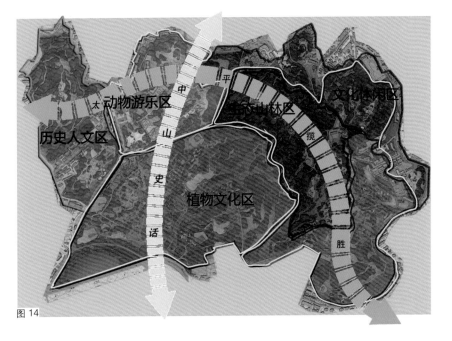

图14

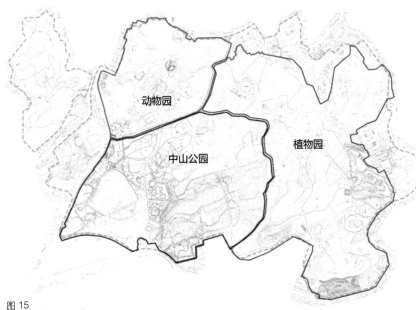

图15

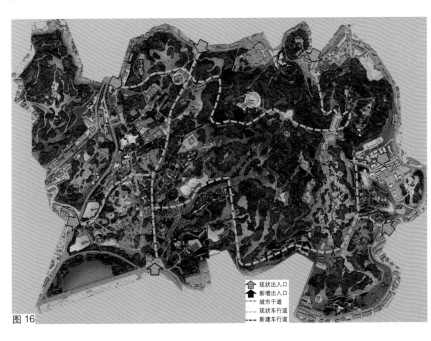

（三）规划分区

根据规划定位，依照生态保护、传承文脉、突出主题、完善功能、促进发展的原则，提出："一轴一带五区"的景观结构。

一轴：公园传统文化主题轴——中山史话。

一带：城市登高观景带——太平览胜。

五区：植物文化区——东园花海；生态山林区——山林凝翠；文化休闲区——福享太平；动物游乐区——秀掩禽鸣；历史人文区——京山怀古。

四、改造策略

太平山中央公园的改造建设主要集中于中山公园、植物园和动物园。

太平山中央公园改造建设主要包括以下十个方面：

（1）打通消防通道，建设地下停车场和地上生态林荫停车场，缓解公园的停车问题。

（2）疏通水系，打造生态水循环系统。

（3）拆墙透绿，拆除公园的围墙，完成沿线步行道建设和绿化景观恢复。

（4）搬迁住户，拆除临建、废弃游乐设施。

（5）植物文化区——改造现状15个园区的景观环境品质，利用拆除空地新建特色园区6处。

（6）动物游乐区——改造现状11个动物笼舍，新建大熊猫馆。

（7）保护现状古树名木，深翻板结地块、补植绿化，引进苗木品种、进行引种驯化。

（8）拆除影响景观的商亭，进行统一规划，分散设置，解决脏乱差死角的问题。

（9）新建公园公厕，并对原有公厕进行改造提升。

（10）完善消防、道路、照明等基础设施，对指示系统等服务设施进行统一的规划设计。

（一）道路交通规划设计

（1）完善公园一级路网。依托现状园区车行道，局部进行串联，在无法形成环路的区域借用城市干道形成一级环路，满足消防要求。对现状破损道路进行翻新建设。改造及新增二级、三级道路，增加园区可达性，采用透水铺装，保证生态透水。

（2）对已荒废的动物园、植物园、中山公园的人行入口进行修缮，保证功能。

（3）拆墙透绿。拆墙透绿，拆除公园的围墙，完成沿线步行道建设和绿化景观恢复。

（二）水系规划设计

在水系上游，拆除太平山路沿线青砖围墙，设金属透空围墙，外做人行道，部分区域向内悬臂木栈道，拆墙透绿，并设置雨水截流通道3处，使得太平山的水脉得以连通，增加公园水系汇水。

保护现状植物，根据不同的水系规划不同的主题，主要解决水系清淤和贯通、拆废复绿、驳岸改造、水系植物景观的营造、游步道的串联等问题。

（1）改造驳岸。疏通水系，清理枯枝杂叶，增加园路。

将现状直立驳岸改造为自然式驳岸，设置自然置石，将已板结场地深翻，补植耐阴地被，铺设架空木栈道。拆除现状破旧建筑，恢复绿化。

（2）贯通园路。

打通原水系断头路，形成环路。

（3）改造道路的铺装材质和样式，增加防护设施。

将锈蚀栏杆更换为防腐木栏杆，增强安全性，对破损铺装进行翻新，增加休憩设施。

传承公园文化，根据孙文莲池典故，修缮水塘、完善相关设施。

（4）建设生态驳岸、保护现状乔木。

保护现状长势良好的高大乔木，建设悬挑木栈道，改造现状驳岸，增加置石，补植地被花卉和水生植物。

（5）拆废复绿、贯通水系。

水系两侧废旧的游乐设施已失去功能性和景观性，并且影响水系流通，将其清理后恢复水系景观。

（三）现状园区景观环境改造提升

以做优做精为原则、展现百年历史老园精髓为宗旨，打造植物观赏主题园区，提升现状9个园区——会前村、桂花园、牡丹园、梅花园、儿童游乐场、月季园、玉兰园、药用植物园、植物园入口的景观环境品质。

1. 梅花园

整个梅花园设计在保护现状的基础上进行改造设计，翻新园路，采用透水铺装，增植梅花品种。

2. 桂花园

保护园内大规格金桂、银桂，挖掘桂花文化，提升景观小品，修缮园路和场地。

3. 历史文化园景观提升——会前村

会前村是青岛城市的发祥地，记载了青岛人民耕海牧渔的历史和热情创新的岁月。设计过程中，石质老黄牛、寿星雕塑、古井、百年老槐树、百年

图 17

图 18

雪松这些原始的设计符号都被完好地保留下来，并设置保护措施和观赏空间，传承给后人。园区增加了海洋的元素，根据功能需要设计了贝壳休息广场，理顺园路，提升绿化景观。

4. 游乐设施拆除——儿童游乐场

修缮园路和场地，保留原来的遗迹景观和古树名木，增加互动空间，同时丰富绿化层次。拆除现状游乐设施，保护现状古树名木，修缮园路和场地，

图 14　景观规划结构
图 15　主要改造园区
图 16　道路交通规划设计
图 17　消防通道改造前后对比
图 18　太平山路入口改造前后对比
图 19　太平山路增加截水沟

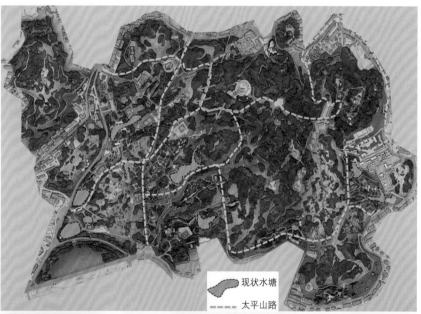

现状水塘
太平山路

图 19

图 20　驳岸改造前后对比
图 21　贯通园路前后对比
图 22　道路铺装改造前后对比
图 23　生态驳岸建设
图 24　水系景观恢复前后对比
图 25　梅花园改造
图 26　桂花园改造
图 27　历史文化景观提升

改造水系驳岸。增加不同类型的儿童活动空间，增加旱喷。

5. 入口景观提升

现状入口景墙与管理用房破旧，设计中进行了改造：入口景墙采用蘑菇面崂山红石材，管理用房样式与青岛特有建筑统一，保留入口雪松标识。

（四）新建特色园区

1. 新建生态停车场

拆除香港西路 1 号地现状板房后建设停车场，包括地下停车场和生态林荫停车场，缓解中山公园的停车问题。

2. 新建欧洲花园

青岛是一个与欧洲国家有着深远历史渊源的城市，但在整个城市范围内却鲜有欧洲特色浓郁的、风格纯粹的欧式园林景观。在香港西路 1 号地车库北侧利用拆除后的空地规划欧洲花园。

3. 新建花卉园

利用现状苗圃进行改造，结合公园功能需要，规划为青岛地被花卉展示园。设计中堆砌地形，丰富园内空间层次。

4. 新建云雾谷

现状设计区域内的雪松树龄较长，分枝点在 2m 以上，已长成规模的林荫树，林下空间由于周边市民健身踩踏，板结严重。改造过程中深翻现状板结地块，补植耐阴地被，通过架空的木栈道合理组织游人的交通路线和休憩空间，保护古树。

5. 新建樱花苑

在樱花大道轴线上，扩大线性的樱花观赏空间，增加人群的停留场地，设计以樱花为主题的休憩、观赏、游玩园区。

（五）动物游乐区改造

动物游乐区，内容包括动物园 11 处笼舍的改造修缮及笼舍周边绿化的改造提升、新建大熊猫馆等。动物笼舍改造主要是对动物笼舍建筑进行翻新，并对其周边的道路进行修缮，提升植物景观。

动物园中原有动物笼舍都是 20 世纪七八十年代建造使用至今的，虽然笼舍造型及设施在当时比较先进，但经过几十年的使用，笼舍建筑现已陈旧，设施老化，个别建筑结构存有安全性隐患。

在保持现有动物饲养规模基础上，对动物园 11 处笼舍进行改造修缮，把"生态化"和"动物福利"放在优先地位。优化笼舍内各种动物生活设施的安排，形成集动物科普、认知为一体的休闲游乐区。

设计中借助成都大熊猫繁殖研究基地支持，利

图 28

图 29

图 28　儿童游乐场建设前后对比
图 29　入口改造前后对比
图 30　生态停车场建设前后对比
图 31　欧洲花园建设前后对比
图 32　花卉园建设前后对比

图 30

图 31

图 32

图33 改造前

改造后

图34 改造前

改造后

用废弃跑马场山坳新建大熊猫馆，作为世园会分会场的重要亮点之一。

五、雨水利用

公园改造设计立足于现代科学技术，引入雨水回用技术，选取现状大面积的草坪坡地作为雨水收集利用系统的科普展示区，通过设置雨管将下渗雨水收集至沉淀井内，经过沉淀井净化，将水储存至地下蓄水池，再经过提升加压雨水收集泵和砂滤净化杀菌后，回用至绿化灌溉。绿化灌溉下采用喷灌的形式，既减少了用水量，又保持了灌溉的均匀度。

通过上述的规划与建设，公园的环境得到了质的提升和改变，停车难问题的得到缓解，太平山中央公园已经成为市民休闲健身、旅游观光、婚纱及儿童摄影的绝佳地点，成为公园改造的成功范例，形成以植物展示为主题的专类园、以骨干乔木为标识的绿廊路网、以人文历史为传承的纪念园区。

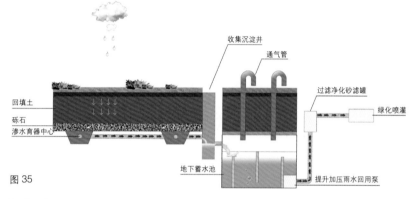

回填土
砾石
渗水育器中心

收集沉淀井
通气管
过滤净化砂滤罐
绿化喷灌
地下蓄水池
提升加压雨水回用泵

图35

项目组成员名单
项目负责人：李成基
工程负责人：王　伟　万　钢
项目参加人：马玉龙　常　斌　张冬云　王　研
　　　　　　刘海燕　徐君梅　王　欣　周　宁
　　　　　　刘昌磊　梁　娟　么亚楠　路玉虎
　　　　　　彭晶婷　杨　斌　柳伟巍　修梅艳
　　　　　　苏峰坤　田　川　宿爱萍　谭　元
　　　　　　杜　序　关国鑫　杨淑涵　李　军
　　　　　　郭　芳　郭　勇　陈晓峰　赵建丽
项目演讲人：刘海燕

图33　云雾谷建设前后对比
图34　樱花苑建设前后对比
图35　雨水收集示意图
图36　雨水收集现场

图36

海东"黄河彩篮"菜篮子生产示范基地规划设计

北京清华同衡规划设计研究院有限公司／程兴勇　马　娱

景观环境是近年众说纷纭的时尚课题，一说源自19世纪的欧美，一说则追记到古代的中国，当前的景观环境，属多学科竞技并正在演绎的事务。

一、引言

中央十八届三中全会确立了深化改革发展的总基调，中共农村工作会议指出，"中国要强，农业必须强；中国要美，农村必须美；中国要富，农村必须富；农业基础稳固，农村和谐稳定，农民安居乐业，整个大局就有保障，各项工作都会比较主动。我们必须坚持把解决好'三农'问题作为全党重中之重，坚持工业反哺农业、城市支持农村和多予少取放活方针，不断加大强农惠农富农政策力度，始终把'三农'工作牢牢抓住，紧紧抓好。"

"黄河彩篮"菜篮子生产示范基地的实施是"三农"工作的具体体现，也是"美丽乡村"建设的重要组成内容。实施海东"黄河彩篮"生产示范基地建设，是落实青海省关于"菜篮子"工程建设的相关政策和贯彻《海东市关于进一步加快"菜篮子"工程建设的实施意见》的一项重要举措。

二、项目解读与规划策略

"黄河彩篮"是一项民生工程，是青海省海东市打造新的经济增长带的"菜篮子"系统工程。

（一）场地现状

海东"黄河彩篮"菜篮子生产示范基地位于青海省海东市循化县查汗都斯乡、化隆县甘都镇。基地远期规划面积为3000余公顷（含水域面积），本次规划内容为项目一期，规划面积为998hm²。

项目基地跨黄河两岸。以黄河为界，项目划分为北区和南区两块区域，分属化隆县域和循化县域。基地建设所利用土地皆为一般农田，通过流转作为现代农业发展用地，在一定时限内进行农业项目的建设。

北区位于黄河北部，属于化隆县域，项目用地北邻鸡冠子山，南至黄河北岸。土地平整开阔，土质肥沃，适宜果蔬种植。规划区域内另有养殖场和部分蔬菜大棚，规划将其保留和扩大改造，纳入"黄河彩篮"总体规划，成为重要的功能片区。区域内有现状村落两处，规划将村落保留，并妥善安置当地农户。黄河畔有水产养殖区一处，利用优良的黄河水质，渔业已形成了一定的规模，"黄河彩篮"产业规划中，此处养殖区也为重要的组成部分，同时也为发展旅游餐饮提供了良好的条件。

南区位于黄河南部，循化县域内，项目用地北邻黄河河畔，南至红旗二级公路，西邻中庄村西侧冲沟，东至繁殖场村进村主路，面积为326hm²。规划区域内有现状村落大庄村、中庄村和繁殖场村，并有清真寺一座。规划区域内土地为一般农田，绿树成荫，自然条件优良，其中在黄河沿岸，视野开阔，风景如画，对于发展观光休闲农业，条件得天独厚。基于良好的用地条件，此区域为"黄河彩篮"项目的重点建设区域。

图1　场地自然环境

图2 场地现状分析
图3 景观结构
图4 规划总平面图
图5 规划鸟瞰效果图
图6 旅游区位分析
图7 旅游产品体系策划
图8 旅游策划目标定位

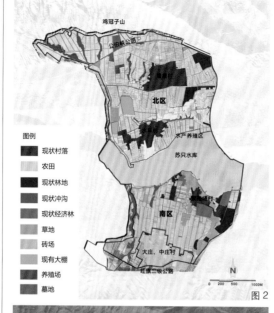

图2

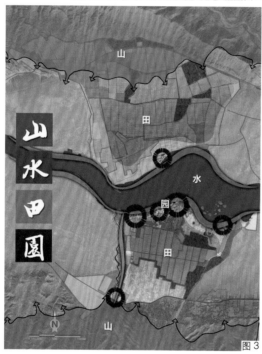

图3

（二）面对的主要问题

1. 农业生产、开发与现状农村之间的关系

基地规划区域内有部分现状村落，规划将其保留，如何科学合理地处理村落与生产基地之间的空间关系以及互惠互利的发展关系，是规划需要解决的问题之一。另外，土地流转之后，当地农民没有地种，如何对农民进行安置，如何增加农民收入、完善农村基础设施和发展现代农业，这要求在农业规划中要合理进行解决。

2. 基地建设与生态保护之间的矛盾

基地虽然为农业生产项目，但开发建设也会对当地环境带来一定影响，如大棚的建设、黄河沿岸休闲农业的开发以及畜牧业、蔬菜加工带来的污水

等。保护当地生态环境，协调农业生产及项目开发与现状自然条件的关系，实现互利共荣，是本规划的一个难点，是要率先解决的重点问题之一。

3. 现代园区与地域特色之间的结合

"黄河彩篮"所在区域地域特色明显，不仅有丹山碧水的壮美自然景观，同时所在区域为撒拉族民族聚居区，具有绚烂的撒拉族文化，两者都是不可多得的资源，必须充分予以利用。对于一个现代化的农业综合园区，如何发扬和体现当地地域特色，并与当地地域特色相融合，提高知名度，也是本规划要重点解决的问题。

三、总体规划设计

（一）规划定位与布局

本规划设计依托现状优越的自然环境资源，提出"碧水丹山，黄河彩篮，绚烂文化、撒拉之家"的规划理念，项目定位为以山水为依托，以农业生产为基础，以旅游为特色的综合性发展项目。

规划将巴颜喀拉山与祁连山余脉所围合的黄河谷地纳入长远的统一考虑，形成"山-水-田-园"的系统性景观结构，在此基础上，合理规划农田和生产大棚，适度开发黄河沿岸风光带，使场地中山水景观的能见度最大化，引山水入怀，充分发掘循化段的黄河美景，沿河两岸打造集中的农业观光带。

依据规划总体布局构思，场地以苏只库区为界，北区占地面积为660hm²，南区占地面积为326hm²，水域面积为204hm²。根据农业产业建设的指导，规划对场地进行了系统性布局，北区主要由蔬菜大棚区、养殖场区、露地蔬菜区、经济林区、现状保留村落、观光农业区、冷水鱼养殖区等组成。南区主要由蔬菜大棚区、经济林区、养殖区、蔬菜加工贸易区、检测中心、撒拉之家、水景园、公租房区、现状村落等区域组成。

（二）旅游发展规划

目前西宁市常住人口约220万，占青海全省约40%，人均GDP近7000美元，远远超过度假旅游需求门槛；西宁每年还拥有近2000万人次的庞大到访客群和700多万入藏旅客群；旅游市场潜力巨大。与此同时，"黄河彩篮"周边旅游市场日趋成熟，已经形成较好的市场环境。"黄河彩篮"基地自然风景优越，旅游资源丰富，同时，"黄河彩篮"基地位于民族文化走廊与黄河生态走廊的交汇处，作为民族文化走廊的中间点，可作为这一游

线上的"旅游驿站"，发挥其接待、停靠、休憩、补给等作用，具有突出的战略意义

就小区域的海东南线旅游来说，"黄海彩篮"项目正位于"平安—巴燕—积石—川口—碾伯"的旅游环线上，不但以清水黄河、碧水丹山的优质景观以及循化县独有的撒拉族民族风情脱颖而出，同时更弥补了这一游线上旅游住宿、休闲度假等功能上的缺失，使这一线旅游更具发展潜力。

基于市场潜力分析与自身资源特色，规划以黄河谷地、撒拉族文化为基底，拟打造丹山碧水（黄河山水）、撒拉人家（民族文化体验）、锦绣田园（果蔬农业旅游）三大核心旅游品牌，主攻以西宁、海东为核心的近程周边市场，将规划区建设成为：4A级景区、黄河山水旅游旗帜性景区、国家级水利风景名胜区、撒拉文化体验家园（街子镇：精神家园；规划区：体验家园）、国家级农业观光旅游示范区。

将来随着"黄河彩篮"一期工程的建成和发展，将广泛吸引西宁、兰州等周边城市的旅游人群，并辐射长三角、珠三角和环渤海为主的国内外其他市场。

基于现状农村的地理位置以及独有的民族文化特点，"黄河彩篮"旅游的开发和发展也会促进当地农村经济收入的提高和农民生活的改善。"黄河菜篮"休闲观光旅游项目的建设，对改变现状农村落后面貌，加强农村地区生产设施和生活服务设施、社会公益事业和基础设施等的建设，推进美丽乡村建设和带领农民脱贫致富具有重要的意义。

图4

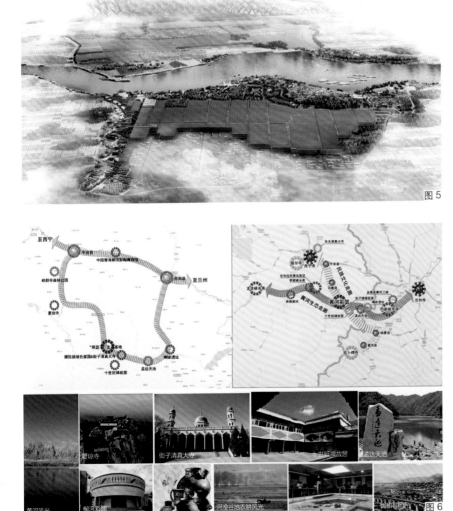
图5

图6

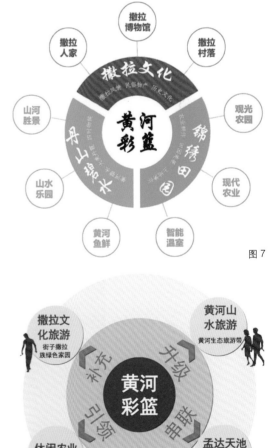
图7

图8

（三）农业产业规划

基地所处的黄河谷地地区气候宜人，土地肥沃，面积辽阔，是发展蔬菜及养殖业得天独厚的理想场地。实施海东黄河"菜篮子"生产示范基地建设，是落实青海省关于"菜篮子"工程巩固湟水谷地、拓展黄河谷地的重要指示，是全市"菜篮子"工程生产基地的战略性转移的具体实施，将全面提高海东市作为全省"菜篮子"的供给能力和贡献率。

在农业生产方面，规划主要建设七个示范区：即无公害（绿色）果蔬标准化产业示范区；优质果蔬繁种、育苗及丰产示范区；牛羊良种繁育示范区；水产养殖示范区；技术服务培训区；加工贸易区；休闲农业区。计划用两年时间，在黄河流域建成一个产业布局合理、一二三产业联动发展、单个相对集中、连片面积1万亩以上的省级现代农业"菜篮子"工程综合生产示范基地；建成30~50个以农村合作组织、职业农民为经济主体的菜篮子生产基地。形成以大带小、以强带弱，利用大基地的先进生产技术和经营理念带动小基地的"1+X"的生产模式。全面提高海东市"菜篮子"工程市场化、公司化、产业化、标准化水平。

规划坚持走现代农业发展之路，突出循环农业、科技农业、物联网农业、休闲农业示范，建设在青海省乃至全国有影响力的优势产业基地，充分发挥基地的科技服务、实践培训、示范引领、安全检测、综合服务等功能。基地主要采用两种经营发展模式，一是组建混合经济实体运行，走以企业化管理、科学化生产、专业化经营、现代化流通、信息化服务为主的产业化经营模式。二是以农民的单个家庭为单位，在基地或有条件的区域开展专业化生产，政府提供全面服务的家庭农场模式。并在基地的建设上，将创新发展作为重点来抓，从投入机制、科学研究、品牌建设、标准化生产、农业物流、质量安全、人才培训等方面创新一套体系并加以建设。

另外，在对农民安置方面，规划也提出了具体的安置办法。当地农村经济主要以养殖业和副业为主，副业主要以运输业和在外经营的餐饮业为主，土地种植的收入较低，主要种植小麦，亩产值300元左右，不是主要经济来源，因此土地利用率较低。通过流转，一方面有效地提高耕地的生产能力，另一方面也提高了农民的收入。另外，"黄河彩篮"菜篮子生产示范基地采用"龙头企业＋协会＋农户"的农业产业化经营模式，为当地农民提供就业机会，除管理人员以外，基地用工以当地农民为主，同时通过基地的示范带动作用，引领农民发展规模化种植，增加农民收入，带领农民致富，走现代化蔬菜生产之路。

（四）重要节点设计

基于"山—水—田—园"的景观系统性格局，"园"为沿滨水休闲观光带上的几处主要节点，以农业观光、旅游休闲为主要特色。这几处节点分别为：南区主入口区（7.5hm²）、撒拉之家（41.5hm²）、水景园（32.4hm²）、黄河渔庄（4hm²）、观赏花田（29hm²）。

图9 项目一期规划平面图
图10 主要规划设计节点
图11 检测中心与撒拉之家平面图
图12 检测中心建筑设计
图13 撒拉之家效果图
图14 撒拉之家建筑设计

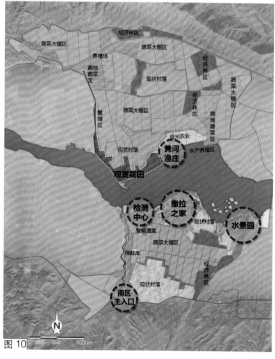

❶ 缤纷果蔬带
❷ 检测中心
❸ 中心广场
❹ 接待区
❺ 流水平台
❻ 检测中心住宿区
❼ 景观桥
❽ 撒拉之家
❾ 撒拉风情街
❿ 演艺广场
⓫ 服务中心
⓬ 撒拉庄园
⓭ 撒拉之家
⓮ 民族体育场
⓯ 流水撒拉人家

N 0 20 50   100m

图11

1. 南区主入口

　　南区入口大门区位于南园西侧，地形平整，视线开敞，直通河岸，其右侧为农田与村庄，左侧毗邻一道季节性冲沟。道路两侧主要设计经济林与葡萄景观长廊。为解决与冲沟之间的巨大高差并加强土层的稳定性，在景观长廊与冲沟之间设计了流线形态的挡墙与分层退台，使上下空间都具有了流淌的艺术性与令人印象深刻的大地景观。园区限制汽车交通以保证纯净的环境与风景质量，在入口门区安置集中停车场与摆渡车停靠站，游客可由此选择换乘摆渡车或开始徒步与自行车的绿色之旅。

2. 检测中心

　　检测中心区集中了接待、检测中心，学员住宿等公建，以及集散广场、观景平台等重要的开放空间。在功能、区位及景观的标志性上都是南岸的核心与重点。检测中心组团的设计理念来源于海东循化地区的乡土建筑风格，追求融入自然山水与乡土情怀的本土质感，以及雍容大气、沉静悠远的景观意向。在朴实内敛的建筑风格中蕴含精致高端现代的服务环境与配套设施。

3. 撒拉之家

　　撒拉之家定位为具有民俗风情的农业休闲度假区，度假产品以高端为主，兼顾中低端消费和散客旅游。其中以撒拉广场为核心，布置了撒拉人家、撒拉餐饮区、撒拉风情步行街、撒拉庄园等功能建筑。并结合住宿休闲，设计了民族运动场地。建筑形式以撒拉文化为主，兼顾多元民族文化，突出循

图12

图13

图14

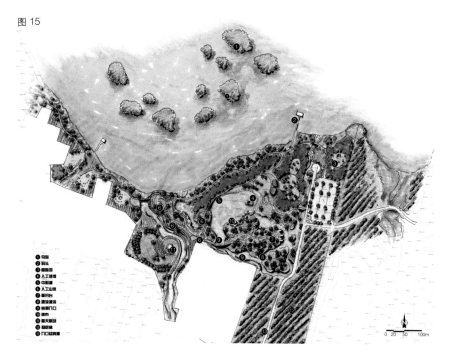

图 15

化地区地方特色。景观设计充分利用"阶梯"地形，形成层次丰富、尺度亲切的休闲空间。

4.水景园

位于南区东北角，有成片的林地与平缓的岸线，设计充分利用了这一区域水岸平缓的特点，形成沿驳岸的亲水栈道和垂钓台，并利用浮岛的形式在其北面的浅水湾中设计了一组人工岛，供天鹅、野鸭等水鸟栖息繁殖。水景园除满足游客近距离欣赏黄河、亲水游玩的需求外，也可建立生态营地，开展自然科普、生态教育、观鸟、摄影及家庭亲子活动。

图 16

图 17

5.黄河渔庄

黄河渔庄位于黄河北岸岸边，水车村东南。其场地东侧为水产养殖区，盛产黄河鱼鲜，规划扩建水产养殖区 50 亩。黄河渔庄以餐饮为主营项目，以鱼为主题，开展相关住宿及文化体验；以黄河游船、冷水鱼养殖和绿色餐饮理念为依托，吸引游客，成为独树一帜、不容错过的特色景点。

（五）专项规划设计

本项目的专项规划主要包括道路系统规划、竖向规划、照明规划、植物规划、生态工程技术以及市政综合工程的修建性详细规划等多项内容。其中，市政综合工程规划中主要包括以下几项内容：道路竖向规划、给水排水工程规划、电力工程规划、通信工程规划、供热工程规划、燃气工程规划、环卫工程规划等。

下面就主要的、具有项目特点的几个专项予以阐述说明。

在道路系统规划方面，规划尊重场地现状，以现状道路为基础，进行道路的规划和改造，以节约资源、保护现状环境，并最大程度减少对现有土地的占用和破坏。竖向规划方面，以现状场地竖向高程为参考，主要进行道路控制点竖向标高的规划，来控制周边场地的整体竖向变化。在满足设计规范对排水坡度要求的基础上，顺应现状地势地貌和坡度变化，使道路与周边环境相协调。

给水排水方面，规划提出了再生水工程。根据给水工程用水量预测，农业开发区最高日再生水及雨水总需水量为 660m³。农业开发区可提供的再生水量约为 240m³/日。项目结合污水处理设施建设再生水回用工程，再生水的水源由农业开发区的污水处理设施提供。结合地形分析，规划再生水主要采用压力供水方式。为保证供水的安全性，农业开发区再生水管网采用环枝结合的布置方式，主要沿主干道及有绿化的道路上布置再生水管网。

环卫工程方面，规划生活垃圾逐步实行分类收集，商业垃圾实行统一清运管理。垃圾利用垃圾箱收集袋收集，运送至垃圾转运站，经压缩后，通过垃圾车运至垃圾处理场集中处理。农业开发区餐饮餐厨垃圾可采用堆肥方式，结合大棚区设置堆肥场地，实现资源回收利用，用于大棚区农田施肥。规划在农业开发区外东南侧新建一处小型垃圾转运站，农业开发区的其余垃圾经密闭收集至该转运站，之后送至循化县垃圾处理厂。

"黄河彩篮"基地为现代农业园区，以发展循环农业、生态农业、低碳农业为主要特色。在能源技术方面，规划采用清洁能源，主要包括地热资源、光伏太阳能和沼气技术等。新能源技术的应用，不仅可以有效地进行废弃资源的回收与循环利用，同时对当地良好自然生态环境的保护有着重要意义。

地热资源方面，规划区据勘测含有丰富的地热资源，其出水温度可达 62℃。结合规划区负荷结构及发展定位，建议利用地热建造温室，进行育秧、种菜和养花，同时可开发相关旅游业务。

太阳能利用方面，规划区年平均日照 2708～3636 小时，属于太阳能资源丰富地区。规划建议合理配置太阳能光电光热系统、辅助供电系统与生活热水供应系统。

沼气技术方面。沼气是发展生态农业、循环农业、低碳农业的重要体现，基地区域内的养殖场会产生大量的禽畜废弃物，利用养殖场自身产生的禽畜废弃物进行沼气的发酵、收集、利用，可以节省养殖场的运营成本，达到资源的有效循环利用，另外发酵后的沼液、沼渣也是优质的有机肥料，将养殖业与种植业相结合，实现资源的循环利用，促进经济的发展。利用养殖场的动物粪便来进行沼气供暖，既能节约能源又能避免污染。

四、结语

"黄河彩篮"项目以发展现代农业为主要抓手，"菜篮子"工程为推动力，同时可带动当地的旅游开发以及乡村基础设施建设，从而进一步促进了当地美丽乡村建设的进程。因此，就规划角度而言，"黄河彩篮"项目不是一项单一的农业规划项目，而是集农业生产、风景园林规划、旅游策划为一体，以发展现代农业、建设美丽农村、改善农民生活为主要规划目标的综合性项目。规划过程中，以农业产业规划为指导，旅游策划为发展参照，由风景园林规划提供了具可操作性的落地实施策略及方法。

科学合理的规划是美丽乡村建设的先行条件。自然生态的可持续、人与自然的和谐相处是在美丽中国下的美丽乡村建设的首要因素，因此在规划中，风景园林更要扮演好自己的角色，通过对当地的自然条件、社会人文因素、经济状况等进行深入的调

查研究，在科学发展观的指导下，深入贯彻美丽中国的政策方针，因地制宜、以人为本，为实现美丽乡村建设的目标贡献自己的一分力量。

图 18

图 15　水景园平面图
图 16　水景园效果图
图 17　黄河渔庄效果图
图 18　园区交通规划平面图

项目组成员名单
项目负责人：胡　洁　马　娱
项目参加人：胡　洁　安友丰　马　娱　程兴勇
　　　　　　陆　晗　付　倞　李加忠　刘　哲
　　　　　　陈　倩　王天放　潘运伟　付志伟
　　　　　　何金龙　夏小青　王　澍
演讲人：程兴勇

惠州市金山河小流域综合整治工程

深圳市北林苑景观及建筑规划设计院有限公司／何　昉

一、引言

惠州金山河起源于红花嶂山系，西起红花湖，往东穿越惠深高速，在城区分成一北一东两条河涌，往北最终汇入西枝江，往东则汇入金山湖，是金山湖重要的水源补给源之一。金山河联系了几大生态廊道，但是在城市快速发展的过程中其渐渐变黑变臭，成为城市的下水道。市领导班子对金山河的综合治理目标非常明确：水要清，岸要绿，人要悦，景要美。在生态系统重建的目标下，金山河小流域治理是一个牵动着水利工程、市政工程、交通工程、环境景观工程的综合项目。文件编制整合三家编制机构——水利规划院、城市规划院、景观设计院的工作内容，力图表达出我们对金山河环境综合整治的诉求、责任与企盼。团队工作自上而下，必须具备国际性的视野、实干的精神、严密的逻辑，才能立足现状，分时、分层、分别，优化以城市河道为核心的滨水景观。使金山河在保证防洪排涝的基本前提下，河道畅达、水质良好，成为惠州市的自然之河、文化之河、生态之河、人文之河与活力之河，使金山河成为惠州城市建成区一条不可或缺的生态廊道，市民可以亲水赏水玩水，感受水之惠州，生态之惠州，惠民之惠州，和谐之惠州。

二、项目背景

改革开放以来，突飞猛进的经济大发展所主导的城市建设策略过度强调速度效率和经济规模，往往会忽略了人最基本的生活场所和环境景观的品质。在这一过程中，土地成为最重要的经济商品，而河道只不过是城市土地上可有可无的地理残迹，成为排污排洪的城市水泥沟渠。往往隔断城市，却无法成为城市的有机组成部分。失去了河道的自然力量所塑造出的多样地理空间，使此城市与彼城市之间千篇一律，河道生态文明的衰落，带来的后果不可谓不重。

宋代天禧四年定名的惠州，历史上就是一个以水资源丰富而著称的岭南城市，具备江河湖海各类水源。基于此有利条件，我们提出了"河道复兴"计划，通过河流生态环境的重塑，带动起城市河流文化的复兴，同时带动金山河的两河四岸地区的更新和发展，实现城市滨水空间的再生。

三、现状思考

（一）河道现状

金山河上游现状山塘水有一定的景观基础，少量浑浊的山塘水溢出，经过山坳林地、庄稼过滤后水质较清成为河道主要水源，但水量很小。河道中游污染比较严重，流经村庄、老工业区、居民区，有四条支流汇入，水面变宽，两侧大部分为砌石护

图1　项目在城市的区位图
图2　现状照片

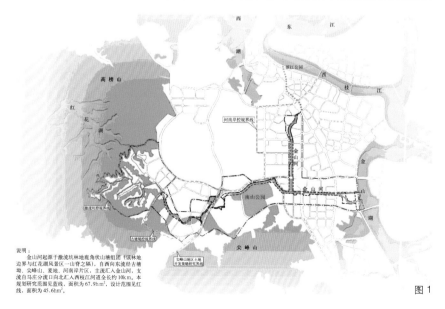

说明：
金山河起源于微溪坑林地鹿角状山塘组团（读林地边界与红花湖风景区—山脊之隔），自西向东流经古塘坳、尖峰山、麦地、河南岸片区，主流汇入金山河，支流自马庄分流口向北汇入西枝江河道全长约10km。本规划研究范围见蓝线，面积为67.9hm²，设计范围见红线，面积为45.6hm²。

图1

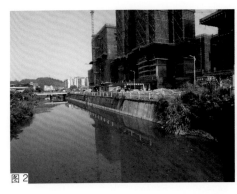

图2

岸。中下游流经城市后分流，最后经横江沥支流向北汇入西枝江（横江沥现状宽约26m，两侧为砌石护岸），向东汇入金山湖（现状宽约20m）。河道全长约10km。

（二）植被现状

河道的水是从乡村山林流经工业区再到城市，主要的植被有山上的桉林、松林、荔枝林，河道两侧有芭蕉林、菜地、局部建村林及自然繁衍的野生植物，植被丰茂，局部河道自然生长了湿生植物，较有野趣。

（三）生态现状

1. 河流形态单一，基本呈直线，缺乏丰富滨水景观

在河道最初治理中，为了迅速排洪，采取裁弯取直的做法，使自然河流中主流、浅滩和急流相间的格局被改变，亦使喜欢在急流中游泳的鱼类减少甚至绝迹。在横断面上，河床断面为矩形断面，而忽视了原有河道断面的生态合理性。河流形态的均一化，在某种程度上往往会对生物的多样性造成影响，而且造成现状河道滨水景观缺乏。

2. 缺乏与周边环境联系，河流生态遭到破坏

河道护岸硬质化现象突出，造成河流与两岸之间的隔绝，破坏了河岸植被和水生植物赖以生存的基础，固化护岸阻止了河道与河畔植被的水、气循环，不仅使陆生植物丧失了生存空间，还使一些水生动物失去了生存、避难之地，易被洪水冲走。水生动植物无法生存甚至绝迹，致使河道流域自然净化能力丧失，河流生态遭到破坏。部分河段植被虽丰富但种类单一，河岸植被群落缺乏。

3. 可适用性差，没有很好地利用滨水空间

现状河道基本上为混凝土或浆砌块石矩形明渠或暗涵的形式，生硬、单调、不具有亲和力，无法与周围的环境相融洽，缺乏适用性。在河道周边有大量居住小区，居民却无法享受到亲水环境；没有有效地利用大自然的优美环境建立亲水空间，亲水

设施规划不完善，滨河活动内容贫乏，缺乏必要的座椅、垃圾箱、园林灯具以及休闲健身、文化宣传、雕塑小品等设施。

金山河流域环境现状如图2所示。

（四）排污系统现状

源头至上游段没有设置截污管道，雨水、污水合流排入金山河中，包含养殖场废水、工业区工业废水、居民排放的生活污水，主要污染物为生活垃圾。中下游流经城市建成区，目前雨污尚未完全分流，其主要为城市污水，有部分沿线工厂已实施截污，但排污口较隐蔽难以检查，有部分污水泄漏。

（五）沿线土地利用现状

流域全线研究范围约678hm²，以商业用地、居住用地和工业用地为主，绿地和公共服务设施用地、市政公用设施用地相对较少。

现状土地利用状况主要有以下特点：

（1）现状用地大部分已开发。金山河横江沥段沿线用地主要为居住用地和商业用地，现状基本已开发完；分流口至九惠制药厂段沿线用地主要为居住用地和商业用地，现状除金山湖口九惠制药厂周边和分流口南侧部分用地未开发外，其余用地均已开发，主要为工业用地和居住用地。

（2）居住用地和工业用地相对独立。金山河沿线居住用地主要分布在分流口至九惠制药厂和横江沥段，工业用地主要分布在古塘坳至分流口段。分流口至九惠制药厂和横江沥段属河南岸控制性详细规划范围，居住用地除村民的新村庄用地外，大部分为近期开发的楼盘，规划布局整齐，严格按规划要求控制。古塘坳至分流口段的工业厂房主要集中在古塘坳山背坑，除德赛、金山电池等几家较大型工厂外，还有多家零散分布的工业厂房，用地布局混乱，环境质量较差。

（3）绿地较为缺乏。金山河沿线现状除南山公园外没有完整的绿地和公园，满足不了居民休闲游憩的需要。

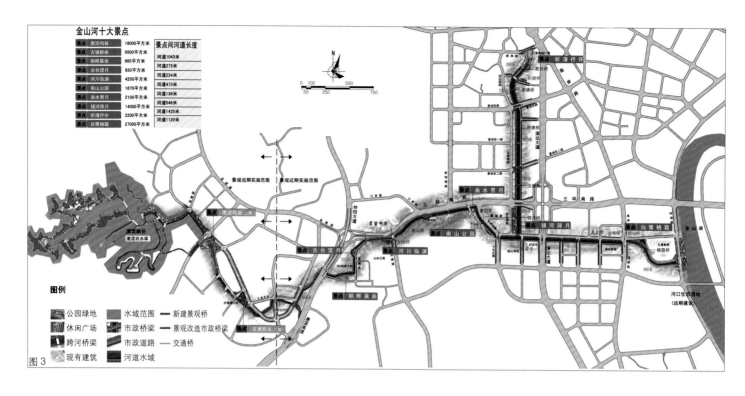

图3

四、总体思考

（一）总体策略

发展三个圈层，深入研究和规划金山河河道及周边城市景观，其本质应回归到河流与城市之间关系的认识。而河流与城市之间的关系是建立在人对河流的认识和态度之上的。结合河流水系的空间和生态特征，可以将河流水系空间按照从水到岸的规划思路，通过水体－岸线（滨水带）－滨水空间（陆域）的三个圈层来进行规划控制，并提出具体规划措施。金山河环境景观工程重点处理以下几个关系：

（1）第一圈层，即水体，是核心层，以水域控制线为基准线。第一圈层是水系生态保护和生态修复的重点，是本次工作重点内容，也是近期建设的重点工作。

（2）第二圈层，即濒临水体的岸线，是介于水体常水位和最高控制水位之间的空间，应根据周边巨门的具体需求适当延展亲水空间。此圈层是滨水功能设施布局的重点，应根据实际情况优化整合沿线土地利用，优化与完善道路交通系统与配套设施，可与城市相关建设一起纳入中期建设工作之中。

（3）第三圈层，即濒临水体的陆域地区，是进行城市各类功能布局、开发建设的重点地区。可纳入远期建设控制范围，成为城市更新的有力举措。

（二）五个目标

目标一：修复生生不息的城市生态系统，通过分析河道生境，完善绿地系统，建立特色、安全、稳定的水环境。强化"山与水"、"城与湖"、"景与人"的生态文化意境，结合河道流经路径，合理布局种植设计，营造生境斑块，完善物种多样性，使之成为自然之河、生态之河。

目标二：展现文化多元的城市风貌，结合岸线改造、景观营造、游人分布及需求分析，合理布局环境艺术系统，通过建筑设计、绿化设计、标识设计、桥梁设计、配套小品设计，构筑整体中有变化，体现现代意识、传承惠州文化的设计意象，使之成为一条文化之河。

目标三：构建丰富多样滨水景观，完善运动、演艺等场所空间，为居民提供宜人的滨水活动空间，最终使金山河与城市成为一个整体，使之成为魅力之河。

目标四：优化多元的慢行交通系统，从交通流量预测出发，研究相邻、相交城市道路中各类型交通方式的承载量和与城市路网的衔接情况。发展以城市绿道为主的慢行交通系统，并与景观结合，设置相应的交通设施。有效完善绿道系统，合理策划生态健康的野趣运动，例如自行车郊游、游船游玩、登山、远足等，使其成为活力之河。

目标五：完善休憩配套设施，沿河岸增设满足市民休闲游览活动需求的服务设施和小品，使金山河可看可赏可玩，成为市民共享的民心之河。

（三）防洪与截污能力的提升

此次金山河综合整治，通过对河道底部进行清淤并重新铺底，对两岸不稳定的岸坡进行加固，对阻水建筑物进行改造，在上游新建激流坑水库以满足下游生态补水，在下游利用补水泵站从金山湖抽水至金山河，增加水体流动性等措施，实现了河道畅通，防洪能力达 20 年一遇标准。

另外，两岸排水口进行截流改造后连入市政管网，并在沿线新铺设截污管网约 15km，从源头彻底解决了河水污染问题。2013 年两场强台风降雨袭击惠州导致多处内涝，但经过整治的金山河顺利通过考验，全河段未发生内涝。

（四）绿地系统的串联作用

金山河整治后，沿线共新增公园绿地约 35 万 m^2。沿线景观绿化呈带状分布，带上点缀着听瀑抒怀、镜河筛月、曲水赏月、白鹭栖霞、南山公园、河川临渊、古台望月、朝晖晨曲等主要景观节点，通过金山河绿廊相连。形成了"十大明珠绿带串，金山河畔活力显"的美好景致，成为居民休闲、游憩和健身的好去处。

另外，为方便群众出行，金山河全线实施城市道路改造总长约 17.2km，其中新建道路约 13.4km，改造道路约 3.8km。新建人行景观桥 8 座、车行桥 6 座；为增加滨水公共开敞空间，金山河整治新增城市绿道约 22km，并新建有完善的步行系统，总长约 35km。此外，在金山河支流段（原横江沥）两侧、干流段（原吊鸡沥）尖锋山路至金山湖段单侧或两侧设置 3～5m 宽的滨水栈道。

（五）景观设计特色

考虑到本项目是一条身处城市繁华街区的非开放性河道，宽度只有 20～25m，两岸是紧邻多个小区围墙的垂直河堤，改造空间和余地非常小。因此规划上打破原有"水是水，岸是岸"的固有专业分工，从城市总体规划角度上对河道进行综合开发利用。针对现状，设计上采用了"多层次交通＋立体式绿化"的方式，根据现状狭长的场地条件，设计了适宜市民亲水休闲的多层次立体滨水漫步空间，在解决了机动车交通和非机交通的难题后，丰富且多种多样的亲水岸线成为本项目的一大亮点和特色，打破了原先河道沟渠一般的笔直观感，创造了宛如自然河道一样的蜿蜒亲切感。同时，对于不能拆改的原有垂直驳岸，运用多种生态材料和植被将原来生硬突兀的驳岸改造成绿意盎然的都市滨水

绿色屏障，使两岸垂直狭长的河岸具备了迷人的魅力，又避免大规模拆建，极大地丰富了市民的绿色出行选择，河道是连接秀美风景的绿色交通带，市民可以在山水中骑车畅游惠城。优美的环境自然吸引市民和游客驻足。

（六）景观建筑布置

在景观建筑的规划布局上，在沿岸景观节点处适当布置了自行车租赁、卫生间、休憩廊架等为市民提供服务。在景观建筑的造型设计上，选择以惠州本土岭南传统特色为主题，用现代设计手法，将统一的风格用在整体景观与建筑设计上，无论是局部景观小品材料、墙面的材质，还是建筑山墙的形态，还有建筑细部窗花、门洞等处都体现出岭南传统的文化印记，但又透露出浓郁的现代人文精神。

五、方案与建成效果展示

部分景观设计方案见图 4～图 7。
部分项目实景见图 8～图 10。

图4

图5

图6

图3　总体规划平面图
图4　听瀑抒怀人工瀑布设计
图5　仿古景观廊桥设计
图6　河岸景观设计

图 7 白鹭栖霞景点设计
图 8 河岸景观建成实景一
图 9 河岸景观建成实景二
图 10 河岸景观建成实景三

图 7

六、结语

　　项目建成后，金山河形成一条"河畅、水清、岸绿、路通、人悦、景美"的城市生态长廊，为身处快节奏繁华都市的人们营造了亲近自然的"慢生活"空间，得到了社会各界的高度赞扬。2013年5月6日，广东省领导视察本项目时，对本项目取得的成效给予了高度评价："生态、环保、惠民"是精品工程。本项目总体规划曾于2013年获广东省"宜居环境范例奖"。

项目组成员名单
项目负责人：何 昉
项目参加人：宁旨文　梁立雨　千 茜　王 涛
　　　　　　夏 嫒　章锡龙　庄 荣

图 8

图 9

图 10

嘉祥县环境景观建设

济南园林集团景观设计有限公司／徐君健　题兆健　王　岩

一、引言

嘉祥县位于山东省西南部，隶属"孔孟之乡"济宁市，总面积 960 万 m²，现辖八镇、七乡，共有 714 个行政村，83.4 万人。县政府驻嘉祥镇，发展相对落后。

嘉祥县历史悠久，以儒家文化为底蕴，即是曾子故里，又被誉为"中国石雕之乡"。县境内景观资源丰富，拥有萌山、孟良山、青山等 13 处山群，林廓茂密，郁郁葱葱。全县分布近 20 处公园，多处街头游园，绿茵环抱。嘉祥县水网纵横，是京杭运河必经之地，同时赵王河、洙水河、洙赵新河等多条河流贯穿其中。在景观建设中将"美丽乡村"的理念融入其中，最大程度地维护了县境原有风貌，为促进嘉祥生态环境健康发展起着至关重要的作用。

二、前期嘉祥环境景观建设中的突出问题

自 1998 年开始，在嘉祥县城总体规划的指导下，嘉祥镇所在区域规模不断扩大，经济建设蓬勃发展，镇区渐渐向北向东扩展，很快便由落后的小山村发展成为初具规模的县城。但发展的同时仍然存在很多的问题。对发展前景预测不足，大量农田被房地产征用，破坏了原有生态平衡和自然资源；发展过快，指导不充分，破坏了原有县境景观风貌，使景观趋同化，少了地域特色和文化内涵，环境建设中不能体现"顺应自然"的原则，人工痕迹和刻意改造过多。

三、嘉祥"美丽乡村"建设的实践特色

（一）树立"嘉山祥水"美丽乡村建设的主题品牌

自 2005 年起我院有幸参与到嘉祥县环境景观建设工作中。十年间，我们坚持规划先行，注重落实，秉承"顺应自然、尊重乡村山水肌理、提升文化品位"的原则，为实现以"嘉山祥水"为主题的美丽乡村景观不断尝试和努力。

图 1　曾子雕塑

图 2　嘉祥县萌山公园效果图

图 1

图 2

图 3 乡村街头游园改造效果图
图 4 县域绿地系统规划结构与
      布局图
图 5 现状古树名木分布图
图 6 现状名胜古迹分布图

图 3

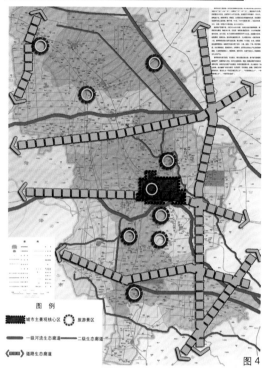

图 4

（二）塑造多层次全方位的环境景观格局

整个建设内容包括嘉祥县绿地系统规划，10余条道路景观设计、赵王河、洙水河等环城河道的景观规划以及嘉祥石雕公园、乡镇区域的多处公共绿地景观设计，塑造了绿地、水系、道路、公园相结合的多层次、全方位的美丽乡村景观建设格局。如今，镇区景观建设已见成效，有效提高了居民的生活品质，实现了"绿色、循环、低碳"发展，并获得了社会各界的一致好评。

（三）充分保护原有，挖掘生态内涵，灵活打造不同绿地形态

1.嘉祥县绿地系统规划——依区域位置确定建设手法

嘉祥县绿地系统规划是改善环境质量、创造环境优势的指导性文件，对形成嘉祥环境经济产业链、促进经济增长起着至关重要的作用。绿地系统规划以城市总体规划为依托，涉及县域、县城两个层面。分别对近期、中期、远期共30年的绿地系统建设进行了规划。

（1）嘉祥县绿地系统规划格局

规划按照"曾子故里、石雕之乡"的主题，构建嘉祥生态绿地结构框架。县域绿地系统结构概括为："一核十一带，六廊九区"。即嘉祥县城为中心，洙水河、洙赵新河等为一级河流生态廊道，郓城新河、红旗河、老牛头河等连通作用的河渠为二级生态廊道。六条省道和国道形成的公路生态廊道，串联周边九个特色村镇区，即农畜养殖展示区、湿地景观与宗祠文化体验区、水上运河郊野观光区、生态农业与山林休闲区、吉祥文化休闲观光区、南山田园风情休闲区、采石工业遗迹展示区、青山宗教体验与观光游览区、武氏祠——曾庙历史文化观光区。

（2）乡村绿地系统规划重点

规划中着重强调在乡村环境绿化美化工作环节应重点抓好"四旁绿化"、污染治理和清洁卫生。"四旁绿化"要充分利用村边、田边、河边和宅旁空地，植树绿化或进行种菜、种瓜等家庭园艺生产。有条件的行政村，可以建造1～2个游园（面积1～2万 m²），以方便村民就近游憩，布局上尽量朴素、自然、开朗，并结合村级公共文化活动设施一起安排。在农田标准化的基本建设中，要重视田埂、水渠的防护林网，做到格田成方，林带成网，棚架成行，花果飘香。

首先，对景观面貌相似的乡村完善基础设施、公共服务等配套建设，按照村落发展形态和人文环境组团规划，引导农村建设特色生态环境。

其次，对基础条件较差的村落，完善道路硬化，实现亮化，设计实用美观的休闲场地，使村庄整体建筑布局适应区域环境。

最后，注重对自然环境和原有文化的保留。嘉祥县很多古树名木以及名胜古迹都分布在村、镇之中，应积极完善文化意义较大的村落的基础设施建设，在景观建设上不破坏原有村落面貌，坚持修旧如旧的原则。发展旅游业，倡导农民爱护、守护地域文化，从而提升人居品味。

（3）嘉祥镇绿地系统规划格局

嘉祥镇所在的核心区以萌山路山水空间轴线和呈祥大道公共景观轴为主，连接了老城区景观中心、祥城新区南湖景观中心、东湖景观中心和产业区景观中心；沿河网和道路形成的八条带状绿化空间与南湖公园、萌山公园、东湖公园、高庙公园、迎宾公园等十园相串联，结合家具城、职教园、火车站等多处节点，共同构成了县城内新的景观发展格局。规划到2030年前把嘉祥建成"水绿相依，环境良好"的生态宜居县。

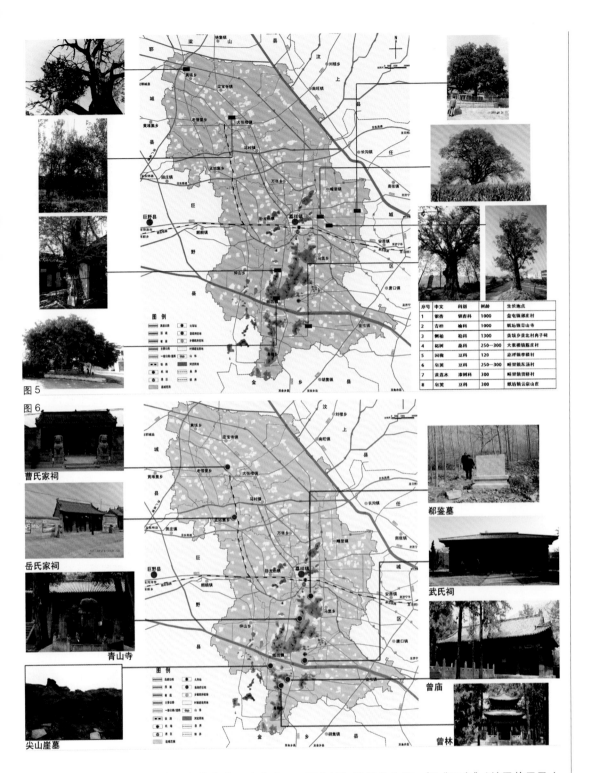

图5

图6

序号	中文	科别	树龄	生长地点
1	银杏	银杏科	1000	金屯镇源庄村
2	吉柏	榆科	1000	纸坊镇青山寺
3	侧柏	柏科	1300	黄垓乡泗北村冉庄村
4	柘树	桑科	250—300	大张楼镇陈庄村
5	国槐	豆科	120	卧龙山镇梁村
6	皂荚	豆科	250—300	峄里镇东洼村
7	黄连木	漆树科	300	峄里镇贾桥村
8	皂荚	豆科	300	纸坊镇云泉山庄

曹氏家祠

岳氏家祠

青山寺

尖山崖墓

郗鉴墓

武氏祠

曾庙

曾林

2. 环城水系建设——体现自然水岸、生态水系和文化传承

嘉祥县水网密布,是京杭运河的必经之地,在环城水系构建之初,我们希望尽可能保留其原始的水文形态,融入地方文化特色,满足周边居民对美好环境需求的迫切向往,而不再是只单纯地注重防汛、排洪等市政功能。

规划在绿地系统的统一指导下,依据河道性质及特色分别对嘉祥县环城河道、东来河、老赵王河进行详细部署,并确定了以"山为骨、水为韵、绿为脉、文为魂"的环城河建设思路。紧扣构建"美丽乡村"建设的主题,把"四乡"(曾子故里圣人之乡、中国石雕之乡、中国鲁锦之乡、中国唢呐之乡)文化融入河道环境的规划设计中,构建嘉祥县"水城相依"的生态格局,实现老区与新区的和谐共荣。

(1)核心景观区建设

北湖、南湖公园位于嘉祥中心区域,紧临萌山公园,是环城水系核心景观区的重要组成部分。规划以嘉祥特有的石雕文化为主,重点打造雕塑公园景观湖,成放射状形成绿地公园、中心商贸区、高档住宅区等展现新区新貌的中央公园。吸引游客,加强与周边村、镇的交流,提高区域消费水平。

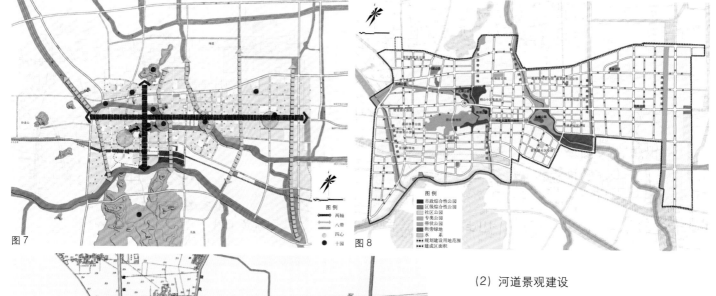

图7

图8

图9

图10

图11

图7　县城区绿地系统布局结构图
图8　公园绿地规划图
图9　环城水系规划平面图
图10　护山引河规划效果图
图11　南、北湖公园规划效果图

（2）河道景观建设

赵王河是嘉祥新区一条古老的河道，是典型的季节性河道，流经多处县、市，其中在嘉祥县境内全长26km，途径村庄、农田、乡镇，最终汇入东湖公园，流域面积60.9m²。

在改造过程中合理布局，乡镇段局部扩挖形成开敞的景观湖面，营造多处开阔、有序列感的亲水空间；对于村庄和农田段河道处理，部分保留河流原始形态，局部形成湿地景观。将周边的人文资源纳入景观环境中，结合生态调蓄，形成可供市民休闲、观光旅游的景观廊道。其中，沿河一级路规划为绿道，营造舒适林下环境，绿道宽4m，并设置了驿站、休息站，同时提取文化符号，通过铺装、小品有序地展示当地特色，从而提升周边居民的出行品味。让河流成为主角，徒步可欣赏辽阔的农田美景，感受村庄炊烟袅袅的生态意境以及现代化建设的城镇景观。

3.道路景观建设——体现绿色出行，延续乡土资源，保护原始野趣

随着发展进程的逐步加快，交通环境的建设日渐成为嘉祥县规划建设中的重要环节。我院分别承接了嘉祥县呈祥大道、338省道、嘉兴路、运祥路、机场路、嘉北路等10余处道路景观绿化工程。设计根据道路周边不同的地块性质，突出文化特色，充分运用乡土树种，通过"以点带线、以线连面"的形式，形成多处生态景观带。

县城区域具体景观建设方面，坚持适地适树、保护优先、规范建设的原则。以乡土树种为主，乔木、灌木、地被植物相结合，体现道路景观特色。尽可能保留道路两侧原有林木，林下适当种植低矮的小灌木、地被植物以丰富林相；依照绿地系统规划，规范绿带用地红线。主干道两侧宜营造宽度不小于5m的绿化景观带，次干道两侧绿化景观带不

小于 2m。铺装就地取材，均选用透水性能好、经济实惠的材料以减少不必要的浪费。

乡村道路景观建设应尽量保持景观的原始野趣，稍加人工组织，增植花灌木，并在景观节点上，局部做透景、框景等艺术化植物配置，以达到"天然"的效果，把村落沿线打造成文明秀美的人文景观通道。特别对无乔木的路段种植行道树，形成植物组团，营造林下空间。具有文物古迹的村落在较显眼的路口设置具有区域特色的景观小品，提升入口的辨识度和品味。

4. 绿地公园景观建设——尊重和保留原有景观最本真细微的美

嘉祥县绿地公园建设严格按照绿地系统规划的部属，绿量饱和且品质高。原嘉祥镇以生产加工石雕为主，缺乏有效的宣传平台。因此，我们专门提炼了其特有的石雕文化作为出发点，整合资源，建设一处集宣传教育、游赏健身于一体的综合性石雕公园。在其他街头游园和社区公共绿地的营造中，根据公园所在区域服务对象的不同来定义游园的功能性质。健身主题公园、植物观赏园、儿童乐园等，各种功能齐全的小型游园散落在县城内部，能够真正做到服务群众，并且与道路绿地、防护绿地相串联，丰富景观网络。

嘉祥县石雕公园占地 60 万 m^2，北接呈祥大道，南靠萌山，西临萌山路，东濒护山引河，交通便利，区位优越。公园范围内最高点与最低点高差约 62m，北部区域地势较为平坦，适合建设。

整个公园分为入口区、办公管理区、石雕艺术展示区、滨水休闲区、山林游赏区、健身活动区和儿童游乐区七个功能分区。石雕艺术轴线统领全园，连接了北入口和石雕园。轴线中心为花池，花池间是不同造型的麒麟吉祥图案石刻铺装，轴线两侧为

图 12 南湖公园建成效果
图 13 南湖公园建成效果
图 14 南湖公园建成效果
图 15 老赵王河乡村段建成效果
图 16 老赵王河乡镇段建成效果
图 17 嘉祥县呈祥大道标准段效果图
图 18 嘉祥县洪山路道路节点效果图
图 19 呈祥大道建成效果
图 20 嘉茂路建成效果
图 21 运祥路建成效果
图 22 运祥路建成效果

图 12

图 13

图 14

图 15

图 16

图 17

图 18

图 20

图 21

图 19

图 22

图 23 乡村道路改造效果图
图 24 乡村特色入口设计效果图
图 25 嘉祥雕塑公园建成效果组照
图 26 石雕公园林下雕塑
图 27 嘉祥雕塑公园入口建成效果
图 28 乡村街头游园效果图
图 29 乡村街头游园建成效果

树阵广场，终点是利用高差结合假山叠水处理的山水瀑布背景。公园内的石雕展示种类齐全，材质以嘉祥青为主，另配有砂石、花岗岩、大理石等多种材质，并且充分运用平雕、圆雕、浮雕、画雕等雕刻手法，工艺精湛，惟妙惟肖。

乡村区域绿地公园景观主要以满足功能诉求为基本出发点，结合当地民俗民风，发掘乡村最本真细微的美，并在美丽乡村建设中对其充分尊重和保留，而不是以新代旧。在维护田园风光的基础上，对于人文资源丰富的乡村引入休闲公园的理念，打响"美丽乡村、欢乐田园"品牌，保留农家情趣。整合优势资源，建立多村共享机制，每个乡村每年选择 1～2 个村庄打造乡村生态公园，真正形成"一村一景一特色"的村落景观格局。既有现代气息又有乡土特色的美才是城市可望而不可即的。

四、结语

嘉祥县的美丽乡村建设之路是在道法自然的基础上，充分挖掘地域特色与景观风貌，尊重环境的承载力和原始美，在延续传统县境肌理文脉的基础上，使景观建设与文化建设同步和谐发展，守住居民对故土的记忆，真正做到看得见山望得见水，从而形成绿意盎然的乡村景观。目前，嘉祥多层次全方位的美丽乡村建设格局已经形成，在此基础上，更要做深做细，全面融入乡村景观设计理念，实现城乡发展一体化进程中乡村的自身嬗变。

项目负责人：题兆健
项目参加人：刘 飞　陈朝霞　史承军　题兆健
　　　　　　庄 瑜　马志永　徐君健

图 23

图 24

图 25

图 26

图 27

图 28

图 29

北京市雁栖镇范各庄村"燕城古街"景观规划设计

北京市园林古建设计研究院有限公司 / 戴松青

随着城市化进程的加快和乡村旅游的兴起，城郊乡村景观发生着前所未有的变化。城郊乡村在逐渐远离农业生产中进入非农化时代，一些具有天然优势资源或特色的村庄的主导产业正在或已转向乡村旅游，而另一些村庄也在思索发展模式。范各庄案例不同于由政府主导或由社会资金投入发展的模式，而是自我觉醒、自主更新，由下而上的模式，没有丰厚的资金和强有力的措施，在不改变当地村民生活方式的条件下，力求以经济宜行的方式改良乡村环境、丰富乡村的产业类型，进而提高村民的生活品质。如何在发展中保护乡村景观特色，充分挖掘乡土景观的生态和文化价值，使其形成宜居、宜业、宜游并具有传统特色的复合型乡村，是乡村可持续发展的重要任务之一。

一、项目概况

范各庄村属于较为典型的聚居式北方城郊乡村，位于北京市雁栖镇镇政府东北面，东接京加路，西临范崎路，毗邻北京雁栖经济开发区，与雁栖湖及亚太经济合作组织（APEC）会议会址直线距离仅 1000m，距怀柔城区 7km，距北京市区 60km。全村共 606 户，人口 1800 余人，外来人口 7000 余人。村庄占地面积约 45hm²，果园占地面积 8hm²。

2014 年亚太经济合作组织领导人非正式会议在北京怀柔雁栖湖畔召开，2013 年 7 月，范各庄村借环境整治的契机，自我觉醒、自主更新，以村为建设主体，同时区、镇政府给予一定的财政补助，对村庄环境进行升级改造，重点打造主街巷和果园改造项目。

二、现状调研——梳理乡村意象

城郊乡村景观的营造首先对乡村意象进行梳理，并合理定位。现状调研力图发掘并强化独特而鲜明的乡村景观和文化意象，并进一步提炼乡土元素和乡土材料。

（一）乡村之"物"——自然环境、乡土建筑、乡土材料

（1）范各庄村东临国道和果园，西靠范山，北倚长渠，近接顶秀美泉小镇欧洲风情商业街，远眺 APEC 主建筑之"日出东方"酒店，有较好的外部环境及山水自然资源。

（2）乡村主街空间宽窄不一、曲折多变。但沿街建筑杂乱无味，同诸多城郊乡村一样，已然缺乏传统的淳朴自然乡村特色。原村内私搭乱建现象严重，拆违后更是内饰外皮皆露，黄墙、白墙、红砖墙混陈，杂乱无章。万幸留有两处翻新的老房，能一窥原来的卵石墙基，旧韵犹存。

（3）乡土材料：河卵石、拆违后留下的机砖、机瓦、旧木屋架，老牛圈拆出来的多孔砖等，弃耕后遗弃在村里犄角旮旯的石碾、石磨盘、农具等旧物件。

（二）乡村之"事"——民间典故、人文逸事、民风民俗

据历史记载，古时燕国的城邑——燕城的位置在"县东北二十里"，指的是怀柔区城中心到燕城旧址的大约距离。据专家推断，燕城应在范各庄村附近。这也是"燕城古街"之名的源起。

村北有古井和关公庙遗址，留有一枯一荣的两棵古槐。

图 1　范各庄村现状照片

图2　范各庄村乡土材料
图3　燕城古街游览导示图

图2

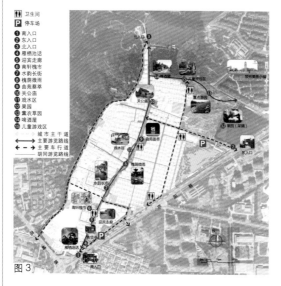

图3

（三）乡村之"意"

山水相依、有园少田但有山有水有故事的北方城郊乡村。

（四）乡村之"业"

城郊乡村的通例，离开农业生产后的产业模式异常单调，基本以出租房屋的"瓦片经济"为主。

三、设计理念

（1）形成以北方水村特色为主导的集乡村文化旅游、土特产销售、休闲、居住为一体的村庄，改变单一的"瓦片经济"。

（2）打造北京市首家"村里的步行街"，携手村北顶秀美泉小镇欧洲风情商业街，构建一条传统与现代交融、乡土风情与异国情调映衬，以开放、多元为特征的特色休闲商业走廊。

（3）提供一条不可多得的乡村游览、农宿、购物、休闲、体验路线。

乡村意象定位

北京市首家"村里的步行街"。

"拥山抱水，青青果园；水街土巷，悠悠乡村。"

燕城古街：漫漫水街 悠悠乡情。

将主街规划为步行街，引活水入街，流水与老街交织成景，打造一条具有北京农村民居特色的"水韵长街"，串联街巷与果园，让悠久的乡村焕发蓬勃生机。

四、乡村景观规划设计

"燕城古街"规划为一街、一巷、一室、二园、八景的景观空间格局。

1. "一街"

指范各庄的主街——"水韵长街"，南北长约1000m，建成后成为一条集居住、商业、休闲、旅游为一体的具有北方农村民居特色的文化街区。

"流水绕老街，小桥连商铺，清池围旧宅。"沿着街道慢慢北行，一个个大小不等的水景池忽左忽右地排列，一条清渠将其串起，水很清浅，伴着哗哗的声响。

2. "一巷"

指村北头水源处东西走向的"秋林巷"，长约400m，是连接"水韵长街"和"洋人街"的纽带。秋林巷通过改造现有红砖墙民居，在北墙开门，结合旧砖和河光石营建小商业门面房，并利用场地原有苗圃中的树木间隙设木屋，形成颇具乡土特色的休闲商业街巷。

3. "一室"

规划有乡村民俗陈列室，改造一处院落，面积约300m²，展示乡情村史，丰富游客游览内容。民俗陈列室内有竹壳暖壶、簸箕、风箱等老物件，能让游客体会浓浓的乡村风情。

图 4

图 6

图 7

4."二园"

指薰衣草园和果园,面积约150亩,在范各庄的东北部。果园中原种有葡萄、樱桃、桃、杏、枣等,结合新种植的马鞭草、蓝花鼠尾草、波斯菊,营造"三季有花、两季有果"的景观。

5."八景"

八景指水韵长街内重点打造的八个景观节点:雁栖池话、迎宾走廊、南轩槐市、古井柯木、槐荫微雨、曲苑荟萃、关帝庙和香草儿童乐园。

(1)雁栖池话

该节点位于主街南入口,是范各庄的门户空间。该场地呈三角状,原来是一片硬化的广场,场地中有四棵大杨树,长势极好。设计改造为村口的池塘,溪水从村北至此汇留成池,同时保留了原有的杨树。池塘驳岸用河光石砌成,用当地的旧条石或旧青砖压顶,形成变化丰富的驳岸景观;环路上设置不同角度的观景平台,供游人观景留影。

池塘由两个大小不一的相连通的"子母池"组成。母池中放置一个木质大水车,为水韵长街拉开了生动而独特的序幕;子池中放置了一个形状酷似扁叶舟的捣药石槽,村里的老石槽年代久远,头朝母池,设计有流水景观,好似小船乘风破浪,驶向更宽广的大海。

图 4　水韵长街实景照片
图 5　水韵长街水景小品
图 6　秋林巷实景照片
图 7　民俗陈列室实景照片
图 8　薰衣草园实景照片
图 9　雁栖池话

图 5

图 8

图 9

图10

图11

图12

图13

图14

图15

图16

亭子，让老故事继续在亭内传承；亭子周围设计水池，让孩子们围着大槐树，踩着水花，聆听悠久的乡村故事。

亭子周围营造贴切的植物景观，水边孤置、对置、叠置石碾，形成神似假山的景观效果，丰富具有乡土气息的景观。

（6）曲苑荟萃

将原村委会大院拆除临街一侧院墙后改造为曲苑广场，设简易戏台，给村民提供文化活动空间。曲苑广场建成后，虽然简易，但已经举办了多个文化会演活动，包括第五届北京国际电影节电影嘉年华分会场的相关活动。

（7）关公庙

在村里原庙址恢复关公庙，原有的老槐树和柏树又有了依靠，同时也加深了村子的道家文化氛围，未来也可开办年会活动。

（8）香草儿童乐园

在娱乐空间，结合地形营造了欢乐谷、滑梯、沙坑、木栈道，同时也形成了两处观景台，可以尽情观赏香草果园的美景。

五、设计特色

（一）经济宜行的方式

景观改造设计结合城郊乡村的现状与发展，对整体景观环境进行一种"微循环、自更新"的尝试性建设，在不改变当地村民生活方式的条件下，以经济宜行的方式改良乡村环境、丰富乡村的产业类型，进而提高村民的生活品质。

（二）乡土材料的运用

范各庄的旧村改造不是传统意义的"改造"，更大程度上是"还归乡土"。每一种来自于场地的乡土材料，它们都记录了场地的部分记忆，承载了老村的文化气息。设计师怀着一颗敬畏的心，希望运用乡土材料、老物件来打造范各庄村原汁原味的北方民居特色。

（2）迎宾走廊

结合村里弘扬孝道文化的主题，在靠道路西侧长100余米的墙上用2.5维浮雕的形式演绎"中华二十四孝"，增加文化和艺术性，并用以掩饰路东原本简陋的墙体。

（3）南轩槐市

设计中为村民在此处集中规划了菜市场，方便村民的生活，同时也消解了街上的游商菜贩。以灰砖院墙与主街隔离，并在菜市场院门前设菜农雕塑，形象化地给予指引。

（4）古井柯木

范各庄主街有一口古井，和井旁枯死的古槐同龄，年逾百年，是村民世世代代的饮水水源，据说旧时商旅往来也是用此井水饮驼。因街道建筑日益增多，古井被埋。为了重塑古井古朴风貌，挖掘出古井并修缮加以保护。设计刻意保留枯树，并在其旁种有一棵槐树幼苗，有枯木逢春、萌发新枝之意。

（5）槐荫微雨

沿着街道向北前行，到达主街中心景观节点——槐荫微雨，这里曾是范各庄祖祖辈辈给子孙们讲故事的庇荫场所，这是曾是村里最凉爽和最具传承意义的记忆所在。我们在大槐树旁设计了一座

图 17

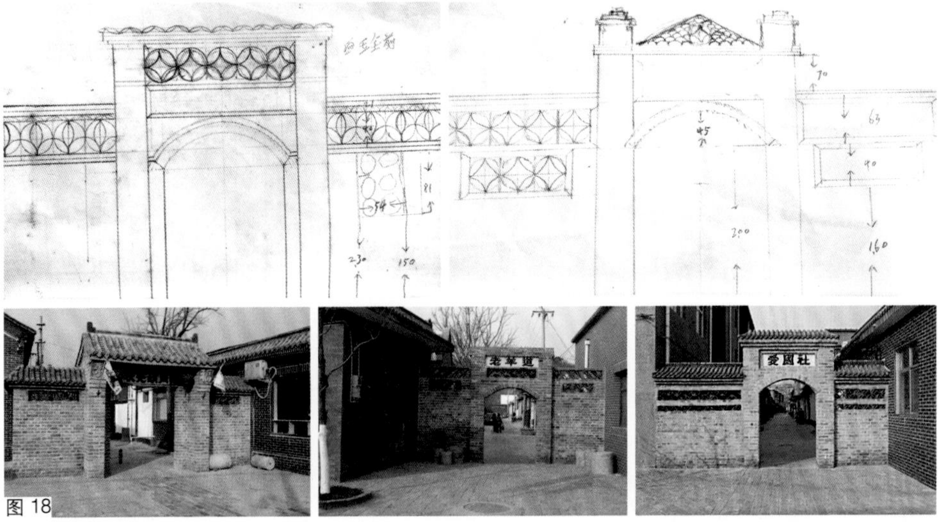

图 18

图 10　迎宾走廊
图 11　南轩槐市
图 12　古井柯木
图 13　槐荫微雨
图 14　曲苑荟萃
图 15　关公庙
图 16　香草儿童乐园
图 17　乡土材料的运用
图 18　民间传统和工匠技艺的传承

（三）现场设计与村民参与设计

乡土景观的设计有别于城市景观，更须抱有向民间学习的态度，民间传统和工匠技艺是种长期的历史积累，原有乡村风貌恰恰是当地民间工匠日积月累下来的作品。只有与乡村工匠进行协作和交流，乡村景观设计方能避免成为脱离当地民间乡土风格的舶来品。

乡村改造不同于新建项目，无法完全纸上谈兵，图纸只能是初步构想，最佳的选择是采用就地取材、现场放线设计、指导施工的工作模式。

六、设计小结

设计团队驻村设计数月，抱着向民间学习的态度，以朴素的设计思想，崇尚自然设计，尽可能保持乡土真、纯本色。不加粉饰地运用现有资源，无论物质的，还是精神的，少经二次加工，最大限度地体现其乡土的特点，营造独特的乡村意象，力求形成宜居、宜业、宜游、具有传统特色并可持续发展的复合型乡村。

在设计团队和村民的共同协作下，历经一年的打造，范各庄村拥有了北京首条"村里步行街"的新形象，被冠有"京北水村"的称号，现已成为北京市民休闲娱乐的新去处和京郊旅游的新名片。

城郊乡村的转型是一个蜕变的过程，范各庄是城郊乡村自我觉醒并在努力前行的一个尝试，景观设计的介入只是帮助村庄发掘、整理并塑造其本身的乡土意象，提升其硬实力，后续还要靠村庄进一步提升软实力，希望范各庄的发展能越来越好。

项目组成员名单

项目负责人：戴松青

设计顾问：张新宇　祝自河　白玉亭

项目参加人：戴松青　朱贤波　陈哲　应占云
　　　　　　张洪钰　高露　刘耀华　张刚
　　　　　　公超

梅州"桥溪古韵"规划札记

2011年受梅州市规划局委托，我院负责编制梅州市梅县下辖自然村——桥溪村的详细规划。

桥溪村是典型的客家山村，深藏于阴那山五指峰的西麓，开村于明万历年间，昔时因沿溪山路崎岖坎坷，行走艰难，故戏称为"叩头溪"，桥溪由此而名。

桥溪村为狭长东西走向，叩头溪发源于东面阴那山五指峰，由东向西，流经桥溪村，规划面积约85hm²。

桥溪村的规划立足于村落历史遗存、古村落文化与生态旅游，力图打造出具有典型客家山村韵味、彰显客家乡土文化的特色景点。规划实施后由雁南飞景区统一经营，已成为梅州市旅游必到的"十大景点"之一，获广泛的好评。

一、山水田园、客家桃源——桥溪村初印象

"古朴"、"隐逸"、"悠然"是桥溪给我们的最直接的印象。

桥溪位于群山拱卫之中，此地远山含黛，层林尽染；村中古树婆娑，四季常青。并有茶园、梯田点缀，一派世外桃源景象。

村中难能可贵的是叩头溪，溪水曲折有情，伴随着瀑布与跌水横贯全村，村口形成静瑟的水面，水体景观饶有风趣。

村内先存数十座客家民居建筑，古色古香、气势恢宏、形态万千，堪称客家民居博物馆。

这里有四百余年丰富的文化积淀，是原中共粤赣边区特委和原中共梅埔丰游击队旧址。前来考察、观光的人们，无不惊叹这里的闲适和美丽。

二、自然衰败，人为破坏——桥溪尴尬境遇

近年来随着人口迁出，桥溪村逐渐沦为"空心村"，出现了"老龄化,空巢化"背景下的自然式衰败。传统建筑大多年久失修，部分已成废墟，大量精美的木雕物件被偷盗倒卖，桥溪村的"古民居建筑群"几乎沦为空壳。

120
风景园林师
Landscape Architects

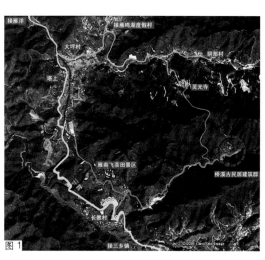

图1

图2

同时村庄建设的无序，随意的拆旧建新，肆意的占用公共景观空间，桥溪村在自主的建设过程中渐渐失去传统韵味。小溪上方建起了"农家乐"的经营场所，简易的建筑横跨在小溪两岸，溪水潺潺的景象已不复存在，村民新建的房屋，风格上大多无客家特色，更有个别民房设计成西式小洋楼，与古村落民居极不协调，村落的古朴之风破坏严重。

三、因溪依山、寻常村陌——桥溪古韵呈现

桥溪村始终突显"山野"、"客家"、"闲适"特色。对现有的村落格局进行梳理，还原桥溪村原有的传统村落面貌，呈现出梦里家园的精神内涵，成为客家人寻找乡土记忆的场所。规划因地制宜地形成以叩头溪为纽带的"两轴一心六片区"的空间结构。

以山体作为大背景，贯穿东西的空间景观轴线将各个主要的开放空间与景观节点串联起来。整个村落的空间序列宛如一曲婉约动人的客家民谣：

水口为狭长的山谷，设计成引导空间，采用"无设计"的设计手法，大量保留场地中的杂树丛，形成不经意间偶遇的效果，同时也体现山野之趣。

村庄的入口处，利用现有水坝形成的开放湖面，沿途种植大片的桃花，并设置富有特色的小型休息点，游客至此会有豁然开朗之感。

沿着溪流一路婉转上行，整个村落犹如一幅山水长卷逐渐展开，依山而建的客家古民居像一个个和蔼可亲的老人迎接着八方来客。待到进入村落的中心位置，空间又再度豁然开朗，由南向北仰望，继善楼、宝庆居、世安居、善庆楼、祖德居等构成的"桥溪古民居建筑群"犹如一颗璀璨的明珠展现

图3

图4

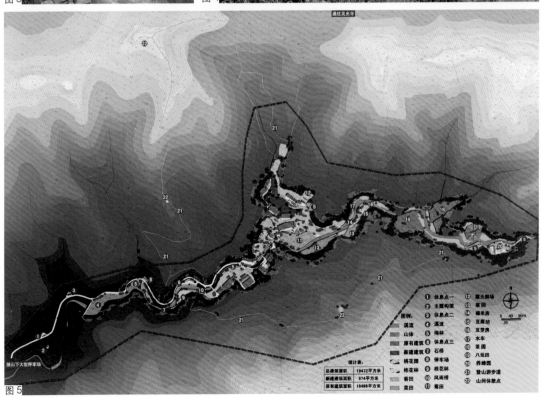

图5

图1　项目区位图
图2　村落全貌
图3　叩头溪
图4　衰败中的村落
图5　规划总平面图

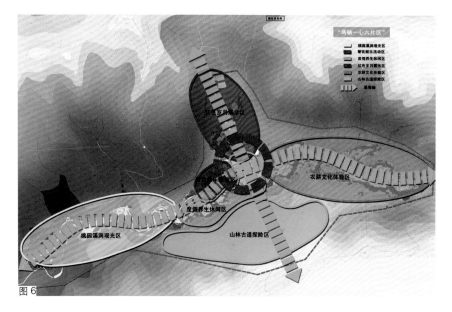

图6

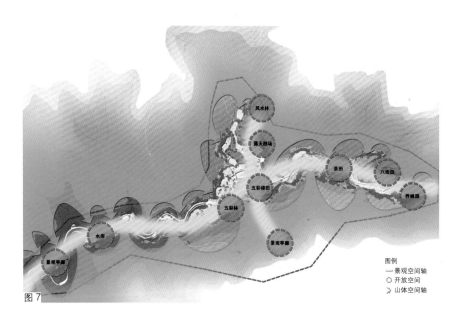

图7

图8

在游客的面前，错落有致的建筑布局、层层叠叠的菊花梯田、云雾萦绕的阴那山脉营造出一幅诗意动人的水墨画卷。在视线的尽端，即善庆楼的东北侧营造一处露天剧场，用于富有客家特色的民俗表演，站在此处往南眺望，整个村落的格局尽收眼底。

后山谷作为村落空间序列的尾声，结合溪流景观依次营造水车、豆腐坊、茶园、养蜂园等小型的开放空间，这些开放空间共同组成农耕文化体验区，游客可在此切身体验制作豆腐、采摘茶叶等客家特有的农事活动，加深游客对客家文化的理解。

建筑的保护与利用是规划的重要内容，根据实际情况，对村中建筑确定以下五种保护与整饬模式。包括：

保护：历史建筑和拟保建筑维持原样，剔除后期搭建和随意改动部分，按照不改变原状的原则，可进行修缮或局部更换构件，适当改变建筑功能。这类整治模式主要针对具有较高建筑艺术与技术价值的历史建筑，包括：祖德居、衍庆楼、世安居、善庆楼、仕德堂、宝庆居、继善楼、逸庐、守庆公祠、观音厅、燕诒楼、慎安居、宝善家塾、桥溪小学、宝善楼、世德楼。

改善：主要针对有一定保护价值的建筑，其结构良好，比例尺度适当，在保护建筑风貌和格局的同时，重点对内部加以调整改造，配备必要的基础设施。主要包括一些体现乡土气息、外观造型良好、无须做较大改动的建筑。

整饬：对于质量较好而风貌较差的建筑，对其立面进行整治，包括改变外墙和屋顶、平改坡、降低高度等。主要包括德昌楼、情满农家、勤裕楼、新秀楼、慎裕楼、瑞园、桥溪客嘉梅会所、桥缘楼等新建的具有较好的建筑质量但与周边环境不协调的建筑。

保留：主要针对慎独楼、德芳楼、世香楼等新建的建筑，这些建筑既具有良好的建筑质量，而且又在一定程度上体现了客家的建筑特色，与周边环境较为和谐，因而予以保留。

拆除：为协调统一村落整体风貌，恢复村落原有肌理，对于风貌或质量较差以及违章搭建的建筑予以拆除。这类建筑以经营农家乐的违章建筑为主。

建筑规划有休闲、住宿、餐饮、娱乐、展览、景观等多种利用形式，最终实现传统村落的再利用。

水是桥溪的灵魂，叩头溪沿岸的违章建筑一律拆除，结合现状特点再现溪流景观。规划中利用高差和场地原景，使叩头溪入口处的湖面呈现出湖清如镜的效果。村中溪流在干旱的季节是溪滩与小水塘结合的形式，溪底及溪岸以大小不同的卵石组成，

图 9

图 10

图 6　规划结构图
图 7　景观空间规划图
图 8　建筑模式规划图
图 9　古村落（实施后）
图 10　湖面（实施后）
图 11　溪滩（实施后）
图 12　溪流（实施后）
图 13　新规划木栈道
图 14　休整后的条石路
图 15　桥溪绿意
图 16　桥溪春晓

图 11

图 12

图 13

图 14

|风景园林师|
Landscape Architects

123

图 15

图 16

点缀乡土树种，形成具有野趣的溪滩。雨水充沛的时节，整个叩头溪是欢快的氛围，溪水潺潺，或急或缓，呈现山涧溪流天然景象，无一处不自然。

村外布置沥青路面和停车场，村中为步行空间，规划两种古朴的路径，一为沿山溪新建的木栈道，采用旧船板铺设，随水体和地势曲折有度，形成柳暗花明的效果。二为入山采用的石板路，以修整为主，做到修旧如旧的效果，条石与野草彰显古朴野趣。

植被景观基本沿着东西、南北两条空间轴线展开。在东西轴线上，沿着叩头溪两岸种植兰花，形成独具特色的兰溪景观，沿途种植桃花、桂花林、菜园、茶园等植被，形成"锦带连珠"的景观空间格局。在南北轴线上，种植菊园、桂花林、茶园等植被，结合北高南低的地势，形成丰富多变的景观层级，与错落有致的历史建筑有机渗透、相映成趣。新种植物与山林植被浑然天成，村落绿景与山野林地有机衔接。

图 17 旅游线路规划图

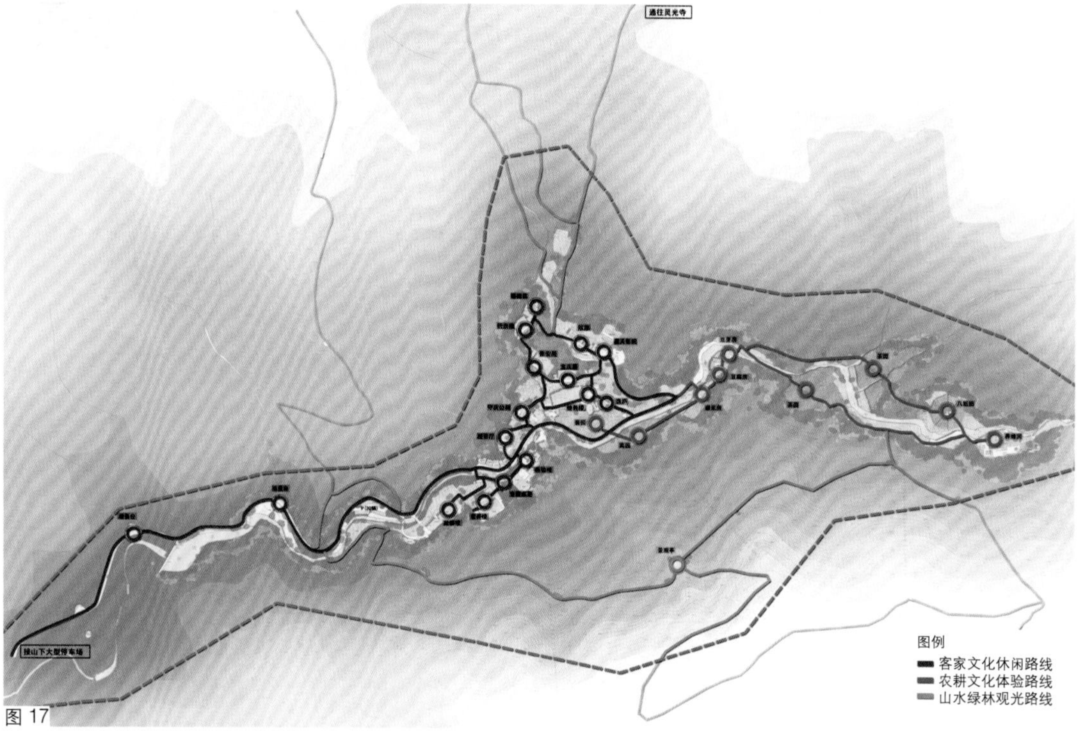

图 17

四、巧于因借，精在体宜——桥溪游览系统的建立

桥溪的保护与开发，立足于自身优势和区位，与五A级雁南飞茶田景区互为补充，组成整体，同时与周边景区形成互动联动关系，成为阴那山旅游区的重要节点。

综合考虑内部的景点、游线和古建筑利用。体现桥溪特有的客家文化、红色文化、山水文化，真正构件起360°的客家文化旅游区。基于桥溪现有的旅游资源，结合整体规划的主题形象，将桥溪的旅游产品归纳为如下四类：

文化体验项目，包括：豆腐制作体验、蜂园养蜂体验、大米碾制体验、豆芽制作体验、采茶制茶体验、红色文化体验、民俗表演体验等。

休闲健身项目，包括：水车戏水体验、桃源溪涧体验、登山探奇体验等。

乡村度假项目，包括：围屋度假体验、农家乐体验、养生SPA体验等。

生态观光项目，包括：循溪探幽体验、桥头赏溪体验、踏雪寻梅体验、菊园赏菊体验、桂香沁人体验等。打造出独特韵味的乡土记忆游览产品。

开园后桥溪村已成为梅州市"十大必到景点"。

五、结论

保护传统村落就是保护中华民族的精神家园。

每个古村落都有其独特的价值与魅力，精准地找出村落的特色，并有针对性地进行保护，是古村落再现生命力的必由之路。

因地制宜，因势利导，借景成景，乡土情怀是我们在本项目规划设计的几点关键体会。

项目组成员名单
项目负责人：马少军
项目参加人：刘　丰　郑慧娜　陈　峰　齐　星

珠海市斗门区光明村规划策略

深圳市景观及建筑规划设计院有限公司／李颖怡

一、规划背景与概况

2013年珠海市对全市122个行政村和97个涉农社区展开幸福村居规划。光明村位于珠海斗门区莲洲镇中部，位处珠海、江门、中山三市交会地带，经济相对落后，距离斗门区莲洲镇镇区1km左右。村域面积1.5km²，村庄农户208户，人口747人，包括三个自然村：粉洲基村、龟山村与梁家庄村。

光明村所在片区位于珠海市核心生态保护片区，环境质量可谓"优中之优"，全村与周边的大沙社区、粉洲村、东湾村、连江村等七个村居共同处在荷麻溪水道、螺洲河水道所环绕形成的河洲之上。与珠三角众多的城镇化乡村不一样，光明村位居一隅，长期的人口流出使得村庄发展缓慢，但难能可贵的乡村是保留了相对完整的形态与生态环境，周边用地保留了农业的主导功能。

村中"山"、"河"、"田"、"园"、"舍"等要素齐全，形成"绕山而居、沿水而筑、环山傍水、生态自然"的村落格局，反映珠三角围垦造田的"基围鱼塘"景观。庭园果树点缀于红砖灰瓦的平房民宅间，具有田园诗中描绘"方宅十余亩，草屋八九间。榆柳荫后檐，桃李罗堂前"的景观意向。村内保留有大片高产农田，水塘星罗棋布，大小河涌贯穿村内，南依仙人骑鹤山，龟山孤峰坐落其间，形成"龟鹤延年"的景观意向。现状村民住宅分别沿着光明涌北岸呈梳式布局、环绕龟山与仙人骑鹤山聚集，空间疏密有致，尺度宜人。

从区域条件来看，珠海市为全国最佳宜居城市与养老城市，具备发展休闲旅游产业的先天优势，附近有莲江村成功开发"十里莲江"乡村休闲旅游项目作为先例，片区发展的重要支柱项目斗门国家级生态农业园也在实施过程中，不少开发项目闻声而动，对当地表达了落实意向。村庄的交通条件得到进一步改善，东西向省道272线从该村中部经过，南北向的江珠高速从该村西部穿过并设莲洲出入口，极大便利了村庄与珠三角等其他区域的联系。因此光明村具备了优越的用地条件、区位优势与一片"光明"的发展前景，未来光明村被定位为"区域生态旅游服务中心、乡村农业交易中心与服务区、生态村居示范点、养生休闲度假地"。

二、综合规划思路

基于光明村现状条件，结合光明村的综合定位，在规划中引入乡村景观保护的综合规划方法，即从乡村生态、生产与生活整体出发，通过合理引导村庄产业发展，以综合手段建立保护与控制乡村环境、村落形态的机制，达到在发展中最大限度保护乡村景观、最大化利用乡村资源、促进村庄可持续发展的目标。

图 1　光明村区位图
图 2　乡村自然格局

图 1

图 2

图 3　沙田村庄的历史演进
图 4　乡村绿色网络分析图
图 5　土地使用规划图

三、特色规划策略

（一）生态景观保护，构建整体乡村绿色网络

首先从乡村的整体生态景观出发，构建光明村"乡村生态景观"网络，体现"生态文明"时代的乡村规划模式。构建与区域、乡村、社区相互联系的绿色空间网络，利用农田、苗圃、森林、河流湿地与乡土植被生境等要素组成一个相互联系、有机统一的网络系统，实现野生动物栖息地保护、土地资源保护、土壤侵蚀控制、水质治理、废弃与污染物控制与处理等目标，以此构建开发与自然保护协调、互利的生态框架。

（二）绿色产业选择，助力乡村特色发展

根据光明村自身条件及旅游产业链的产业辐射，加强对乡村和传统文化的利用和塑造，吸引旅游发展，通过乡村旅游支持生态农业的发展，构建以休闲旅游服务业、新经济产业、文化艺术创意产业和养生度假产业为主导的产业体系，将光明村建成幸福和谐、具有可持续发展动力的活力乡村。

（三）区域协调与土地集约，高效利用资源

紧密依托国家级生态农业园建设优势，与周边

村落形成"八村乐"乡村旅游开发整体，将八村纳入整体考虑，在"服务生态农业，发展乡村旅游与建设幸福村居"三大定位的指导下，形成"统一管理，特色互补，产业合作，利益共享"的合作机制。通过区域统筹整合土地资源和"建设用地增减挂钩"机制，进行"大集中与小分散"的建设用地整合，满足近远期符合条件的重大项目引入，实现资源的合理分配，使项目引进与功能构成符合村庄的特色定位。以保护广大的农用地与自然环境为前提，改变以"土地经济"换取地方收益的单一思维，提倡集聚与高效复合利用城乡土地；整体用地开发强度应以满足发展、生态保护与风貌延续为原则进行"低密度组团式"开发，通过合适的生态容量控制手段引导开发规模，适度减少现有建设用地规模和国土规划建设用地指标，有效利用破败无特色、利用率不高的村庄建设用地，实现城乡土地集聚化和空间格局优化。

（四）宜居社区建设，保障村民民生

光明村居民多数外出打工，但部分居民仍居住在乡村内部，随着光明村的产业调整与发展，村庄建设与设施制度完善，居民的生活条件将进一步改善，人口存在回流的可能性。因此为了进一步集约利用村庄用地与资源，一方面新建部分农民新村，

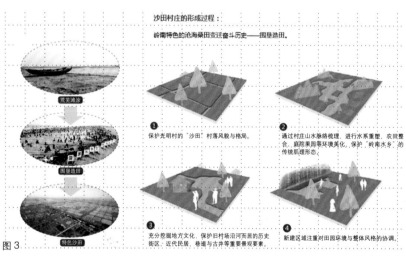

图 3

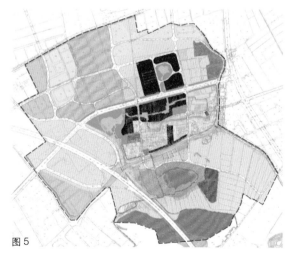

图 5

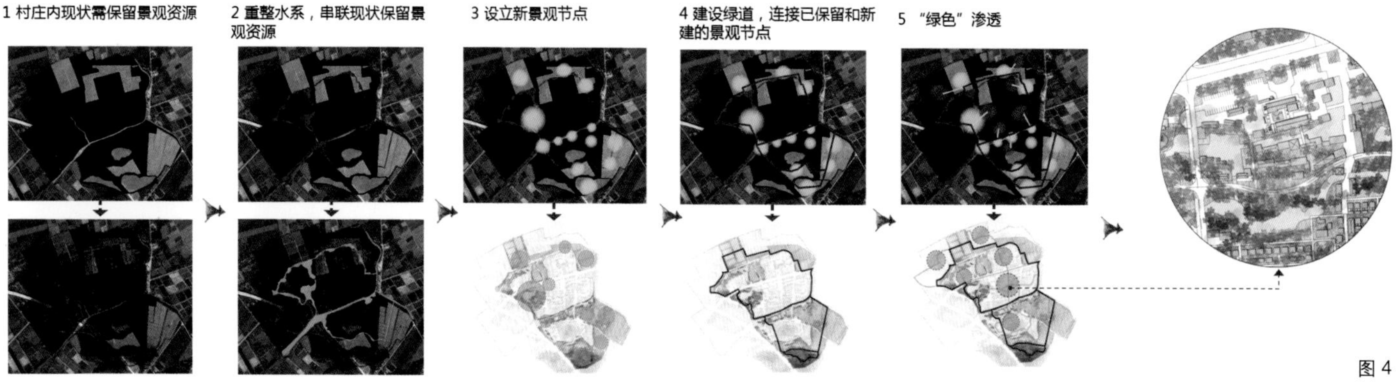

图 4

另一方面结合旅游开发对旧村场进行改造提升，村民可以通过出租物业、投资入股或劳动参与等方式自主参与到乡村旅游开发中，保障村民对地方增值发展的分享权利。预留部分建设用地作为村民的建设预留地和新村发展的发展备用地，给村庄的发展预留弹性增长空间。

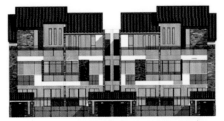

农民新村住宅正立面示意　　农民新村住宅侧立面示意

（五）"组团式"空间规划，保护乡村景观肌理

为了更好地保护与控制乡村景观风貌，规划尊重水乡水网现状格局，梳理水系，整理村庄村落组团，形成"一网、两轴、三板块、多组团"的空间规划结构。一网指以水系为脉络的"网状"水乡结构。两轴：东西横向发展轴依托莲洲大道（省道S272旧线）两侧延伸；南北发展轴串联起绿色养生度假区、旧村更新与民俗体验区、旅游与商业综合发展区、农产品展示交易中心及农业科技产业园多个组团。三板块：北部产业发展板块以农业科技产业园为主导、中部旅游与居住板块以乡村体验旅游为主导、南部绿色养生度假板块以龟山优美自然环境为依托。"多组团"指各个生活组团、服务组团与产业组团。

（六）乡村绿色基础设施建设，优化乡村服务

以水系为脉络建立乡村生态景观保护格局。加强以"光明涌"为主干的乡村蓝线系统连接，增强、促进水系生态质量，营造水生生境，建立动物栖息地；控制污染物排放，促进水系循环，引入湿地污水处理系统；加强河口湿地的创造与保护，预留滞洪降低河流洪涝影响；加强乡村低冲击技术应用；修复、增强与保护亚热带岭南常绿植被带特征；创造并保护景观与生境连接；采用分散式的污水处理

图6　　　　　　　　　　　　　农民新村住宅效果示意

设备，灵活解决乡村污水面现状污染问题；引入太阳能热水器和发电设备，大力实施农村户用沼气建设，积极推广"以畜养沼、以沼促果、果畜增收"；结合农村分散式照明特点，加大农村高效照明产品推广，综合利用乡村能源，实现照明零碳排放，并为村庄争取节能补助；乡村绿色建筑技术：建筑合理选址及规划，应用绿色建筑外围护技术及材料以及绿色能源；发展生态农业，推广生态种植及生态防治技术，合理恢复及整合农田，完善农田基础设施的建设；开发一系列不同主题的徒步、骑自行车、登山路线等低环境影响的休憩活动；通过信息技术的应用，为使用者提供游览、生境、历史文化等相关信息以及互动体验等。

图6　农民新村规划
图7　功能分区与结构图

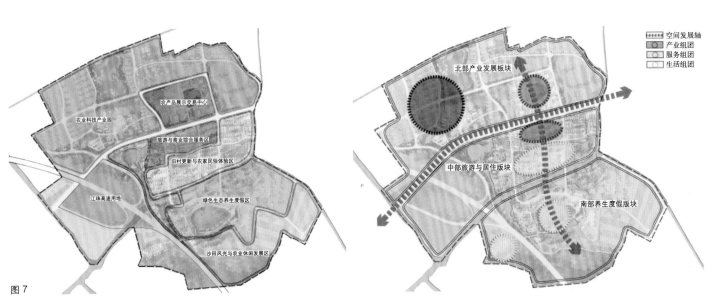

图7

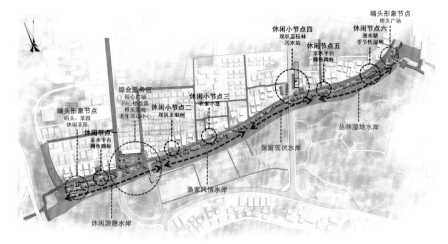

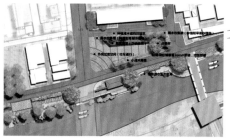
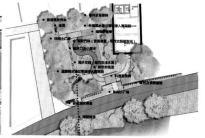

图8

图9

图10

（七）文化景观利用，塑造新岭南水乡

传承乡村文化景观集中体现在营造"世外山水田园"的概念，以"还原田园乡居原貌，再现岭南大沙田村落文化，描绘新时代美丽幸福村居，塑造悠闲迷人乡村度假地"为愿景。首先保护山林生态，以"山"为骨，保护与恢复龟山与仙人骑鹤山森林植被；以山为轴拓展村居。第二，梳理水乡水网，以"水"为脉，净化山塘水系，构建乡村排污系统和湿地系统；以"田"为背景，构建"乡村公园"与绿道系统，整理树林、果园等绿化环境；更新省道、村道、机耕道等村内交通；增加餐饮、民宿、度假村接待设施；开辟晒场、游园、古井、健身场等交往空间；发展果园、稻田、养殖等精品农林。

筑居——重塑新岭南风景，以"筑"为居，保护老屋、古井等历史遗存；改造彩瓦、灰砖、双坡顶等岭南近代民居风貌；改造花草、果树、土围墙、篱笆庭院等特色；结合旅游发展，重建新岭南风格民居。

此外，乡村景观文化内核的构成部分——乡村的生活方式、生产方式与民俗文化也作为新村建设的重要主题脉络与游赏体验内容。

四、结语

光明村是斗门区特色沙田村落之一，我们尝试通过引入乡村景观保护的综合规划方法全方位地对村庄进行规划。规划保护了最有历史价值的"乡村景观遗存"，适用于光明村"乡村旅游开发与区域服务"的定位。乡村规划是一种实施性较强的规划，如何在发展的实践中落实乡村规划理念仍须努力与创新。

项目组成员名单

项目负责人：李颖怡

项目参加人：刘子明　稂　平　祝思圆　栾　毅
　　　　　　黄一峰　肖　辉　曹留军　凌正伟
　　　　　　肖洁舒　黄文娟

图8　光明涌河流景观改造图
图9　村居局部效果图
图10　村居鸟瞰图

南宁市邕宁区那蒙坡综合示范村规划

广西华威规划设计有限公司／蔡永铭

一、规划背景

为深入贯彻党中央、国务院关于扩大内需、改善民生、促进经济增长、推动城乡经济社会一体化发展的一系列决策部署，加快南宁市社会主义新农村建设和先锋模范城市创建，结合"美丽南宁·清洁乡村"活动，进一步推进南宁市邕宁区社会主义新农村的建设，受南宁市邕宁区政府的委托，我公司经过详细调研和细致编写完成了《邕宁区新江社区那蒙坡综合示范村建设规划》。本规划于2013年12月通过南宁市统筹办组织的评审会并由南宁市政府批复实施。

经过2014年的建设，那蒙坡综合示范村规划要求的建设项目基本完成，村庄整体面貌焕然一新，得到社会各界与当地村民的一致好评。

二、基本概况

（一）区域位置

南宁市邕宁区新江镇新江社区那蒙坡位于新江镇驻地西侧，距新江镇驻地约1.2km。本次村庄规划区域南北长约640m，东西宽约660m，规划总用地约为36.94hm²。

（二）村庄社会经济条件

那蒙坡人口805人，总户数为162户。人口增长率1.5%，外来人口16人。经济来源为种、养和外出务工。其中种植甘蔗250亩，水稻532.5亩；养猪16户，养鸡9户，养殖区域约2.1hm²。2013年村庄人均收入为7500元。那蒙坡建村已有几百年，清朝年间，村里出过知县，有力大的武士可单手舞动150斤的钢刀。在"知识青年上山

下乡"的运动中，有不少知青响应号召到村庄来参加劳动、体验生活，村民为知青们建起了2栋宿舍，起名为"知青楼"。

（三）交通条件

那蒙坡对外交通主要依靠村庄北面的那马镇至新江镇的三级公路，交通相对便利。村庄内部主道路宽度约3.5m，以水泥路为主，部分为碎石路，但未形成环坡道路。巷道以泥土和碎石路为主，少量为水泥路面和本地红砂岩材质石板路。

（四）自然风貌条件

那蒙坡周边山丘环绕，生活区最高点高程107.8m，最低点高程82.2m，高差约为25.6m。村中心有7个天然水塘，水域面积达2.3hm²。村庄沿水塘依山而形成，本身就包含着丰富的自然空间形态，并与周边自然环境相得益彰，形成独特的坡地村落风貌。村庄周边山地以果林、马尾松林和混交林为主，植被保护较好，自然环境良好。

（五）基础设施及建筑条件

（1）给水工程方面：全村已建有5座高位水池，基本能满足全村的目前用水需求，但随着村的发展，给水的水量、水质、水压和稳定性已经不能满足新农村的需求。

（2）排水工程方面：村庄排水方式基本能实现雨污分流，但从化粪池排出的污水和生活污水没有有序通过管道进行收集，而是任意污水横流，或直接就近排入水体，造成水塘水体的富营养化。

（3）供电工程方面：村已有一座30kVA的变压器，但该变压器的容量过低，已不能满足目前村里的用电需求，更谈不上满足将来的需求。

（4）通信工程方面：移动信号已经覆盖全村，

图1

图2

图3

图4

且有一座电信交接箱，通信工程已经能满足村里基本的通信要求。

（5）环卫工程方面：村里已经建有4座露天垃圾收集点，已经能满足村民的需求，但垃圾收集点露天不卫生，且垃圾不分类。村庄南面已建有公共厕所1座，能满足村民对公共厕所的需求。

（6）公共服务设施方面：村内公建为文体娱乐中心建筑，内有村委办公室、卫生室等。文体娱乐中心旁设有戏台、篮球场、健身器械场地和公厕。

（7）建筑方面：村庄内各类建筑共计363栋。其中公共建筑为3栋、居住建筑为222栋、危房建筑18栋、养殖建筑120栋。现有建筑体量造型各异，建筑质量参差不齐，绝大多数墙体红砖外露没有装修。

三、建设条件分析

（一）优势条件

政策优势——以推进南宁市综合示范村建设工作为契机，按照新农村的特点，对那蒙坡进行规划，以提高其自身的生活生产环境。

区位及交通优势——那蒙坡位于新江镇驻地西侧，距新江镇驻地仅1.2km。距新江高速入口约10km。村庄北面的那马镇至新江镇的三级公路，已规划为二级公路，今后对外交通更加便利。

自身优势——那蒙坡目前已完成部分村庄基础设施的建设，如村庄主干道的水泥路、文体娱乐中心、戏台、篮球场、健身器械场地等。村委的民主气氛浓郁，凝聚力强。村民有改善自身居住条件、提高居住质量的强烈愿望，对新农村的建设支持拥护。

环境优势——那蒙坡内有七个水塘相伴，四周有山丘环绕，自然环境良好，只需稍加整理即可形成良好景观。

（二）制约条件

公共服务设施——由于那蒙坡远离市中心，难以实现与城市资源的共享，规划地块周边的公共服务设施比较缺乏，需要在旧村改造建设中完善配套公共服务设施和市政基础设施。

四、规划思路及规划的原则

通过对村庄现状的调查研究，把握村庄环境特点，尊重环境现状空间布局，尊重村庄现状肌理，利用良好的自然环境营造村容村貌景观。

对基础设施进一步完善和优化，对建筑立面进行统一改造。将村庄环境中的各种元素进行提炼和组织，把握林地、水塘和坡地建筑等诸多景物元素的综合运用，表达其特有的大空间、大环境的自然田园之美。注重村庄人文环境的传承，建设文脉交流和宣传的场所，为村庄文脉的可持续发展提供载体。通过一系列分析后得到的针对性改造规划方案，让所有规划设计内容切实可行，可操作性强，探索出可复制、可推广的新农村建设发展模式。

五、规划主题定位

本规划的主题定位为："山容水意那蒙坡，竹乡壮韵新农村"。即以那蒙坡良好的山水格局和自然环境为基底，突出壮族特色风貌的改造，强调村庄的自然肌理和人文环境的有序传承，营造出功能齐全、配套完善、交通便利的综合性、示范性、辐射带动作用强的示范村。

六、规划布局

本规划遵从村庄原有自然肌理空间形态，规划整合，优化结构，将村庄布局规划为"两湖、五片、五组团"。

"两湖"——规划将村庄里的7个自然水塘连通，形成东西两个水域空间。即知青湖和那陆湖，在湖边设置亭、廊、码头、茶室和游步道等景观元素，打造出湖光山色、阁影水岸的水域环境景观。

"五片"——规划利用村庄自然形成的五片绿化空间，设置游步道和休闲台地，打造成具有休闲功能的公共绿地空间。

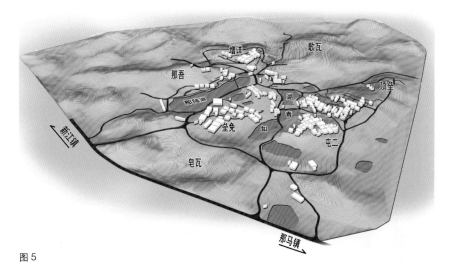
图5

"五组团"——规划保留原有五个居住组团，在原有组团上，合理规划道路和建筑用地以满足今后村庄的居住发展。

七、规划的实施

（一）基础设施的完善

1. 给水工程的建设

目前，村庄已有城镇供水管网接入，但对于坡地村庄水压不足是造成村庄用水不便的重要因素。因此通过高位水池（或水塔）集中式供水工程是解决山地村庄供水最切实可行的方案。

2. 排水工程的建设

农村无组织排水产生的污水横流是造成农村环境卫生恶劣重要因素之一。在村庄中建设完善的雨污水排水系统是改善农村面貌的重要工程之一。雨水排放可与水利沟渠工程相结合，采用暗沟或管道方式解决雨水排放。利用地形，以雨水及时排放和利用为目标，使雨水就近排入水体。污水处理方面设置污水收集管网，并配套建设集中式生活污水处理设施。污水经过处理后，可直接用于农田灌溉或就近排入水系。污水处理工艺采用"预处理＋厌氧

调节池＋人工湿地＋生态塘"的处理技术。该工艺流程简单，操作管理方便，工程投资少，运行费用低，处理效果稳定。在实施过程中，根据农村生活习惯我们适当加大收集管网的管径，在用地紧张的区域集中设置化粪池，以保证污水收集管网运行的畅通。

3. 电力通信工程的建设

随着村庄的发展，现有的30kVA变压器已不能满足今后的发展需要。经用电负荷测算，规划将变压器进一步增容，以满足今后村庄发展的用电需求。配电线路在村庄中心区域出于美观考虑采用地埋式敷设，其他区域采用杆架敷设方式。在电力工程实施时同时考虑通信工程的敷设，避免今后重复开挖施工的浪费。

4. 道路工程的建设

结合村庄地块空间特点，加强组团间相互贯连，创造便利的内外交通道路系统。规划注意协调机动车、自行车、人行三种交通方式。完善村庄巷道、台阶、组团间道路和环路系统。村庄依托山坡形成，因而整个村庄用地有限。大面积的停车场不适宜坡地村庄，停车场应化整为零布置，规划结合村庄道路两侧的插花地设置停车位，切合实际地解决居民停车问题。此外，在新建住宅中设置车库也将是今后解决居民停车问题的途径之一。

图1　现状居住组团风貌
图2　现状水塘风貌
图3　现状村口
图4　现状建筑
图5　村庄地形地貌分析图
图6　村庄规划总平面图

图6

居住组团A
1. 入口标识
2. 停车场
3. 组团间绿地
4. 亲水平台

居住组团B
5. 知青桥
6. 水榭茶楼
7. 码头
8. 停车场
9. 新建畜舍
10. 集中沼气池
11. 祠堂
12. 农耕示范地

居住组团C
13. 新建畜舍
14. 集中沼气池
15. 停车场
16. 嗦罗长廊
17. 嘹歌广场（文体活动）
18. 新建公厕
19. 幼儿园
20. 缓坡草坪
21. 条石码头
22. 那蒙文体综合楼（阅览室、展厅、老年活动中心）
23. 码头
24. 景观廊
25. 知青楼（体验式农舍、知青生活物品展览）
26. 林下叠石流水
27. 户外生活、生产农具展示
28. 荷花伴月池

居住组团D
29. 新建畜舍
30. 景观长廊
31. 菜地
32. 景观水榭
33. 栖竹亭
34. 休息廊
35. 铺装林地

居住组团E
36. 党建文化服务中心（含村委会、医疗卫生所）
37. 戏台（舞台）
38. 篮球场
39. 新建公厕
40. 停车场
41. 新建畜舍
42. 集中沼气池
43. 入口大门

用地代码	用地名称		用地面积（hm²）		占城乡用地的比例（%）		人均面积（m²/人）	
			现状	规划	现状	规划	现状	规划
H	建设用地		7.9	8.8	21.39	23.85	98.14	107.71
	其中	居住用地	4.12	4.29	11.15	11.61	51.18	52.51
		公共设施用地	0.08	0.14	0.22	0.38	0.99	1.71
		公共绿地用地	1.05	1.24	2.84	3.36	13.04	15.18
		道路广场用地	2.13	3.01	5.77	8.15	26.46	36.84
		道路	1.64	1.74	4.44	4.71	20.37	21.97
		广场	0.49	1.27	1.33	3.44	6.09	15.54
		生产设施用地	0.52	0.12	0.52	0.32	6.46	1.47
E	非建设用地		29.04	28.14	78.61	76.18	360.75	344.43
	其中	水域	2.6	2.68	7.04	7.26	32.3	32.8
		林地	5.22	5.18	14.13	14.02	64.84	63.4
		水稻	7.2	7	19.47	18.95	89.44	85.66
		蔬菜	5.16	5.03	13.97	13.62	64.1	61.57
		果树	8.86	8.25	23.98	22.33	110.06	100.98
	规划城乡用地		—	36.94	—	—	—	—

备注：2013年现状常住人口为805人，
2014年规划常住人口为817人。
建设用地主要增加道路用地、广场用地，占用了部分林地、果树用地。

图例
保留建筑　　铺装　　水稻田
规划建筑　　景观林地　　木瓜地
道路　　停车场　　甘蔗地
水域　　菜地　　规划范围线

皂瓦
屯　　那陆湖
那吾
顶峯
增洪

0 10 30 50　　100m

5. 畜舍的建设

人畜共居是传统乡村生活中的一部分。但是人畜混居造成了乡村居住环境的污染。因而，人畜分离是改善农村生活质量的重要措施之一。村庄改造建设时应先清理拆除村庄现有猪栏、牛栏、鸡舍等临时建筑，然后集中在村庄下风口区域统一建设畜舍来安置禽畜是实现人畜分离、提高农村生活质量的重要手段。此外，畜舍的选址上要充分尊重本地村民的意愿，选择便于生产、管理和安全可靠的区域。

6. 商业服务设施的建设

村庄商业服务设施的设置以服务居民，方便居民为主。结合现有村庄内部自发的商业建筑进行改造或改建。如：将知青湖上原有的小卖部建筑改造成亲水的小型商场，湖边上的杂物房改建成景观茶楼等，在满足商业性质的同时增加景观性。

对外商业服务设施仅为湖边的两处农家乐。农家乐主要用于接待游客餐饮，作为传统村庄向旅游型村庄转型的试点。

7. 公共服务设施的建设

随着近年来政府对农村建设投入和扶持，农村的公共服务设施得到了较大的改善。那蒙坡已建的公共服务设施有：村委办公室、戏台、篮球场、户外健身器械和公厕，但存在着选址不佳、设施建筑立面不佳、设施配套不完善等问题。考虑到现有公共设施都是通过"一事一议"村民集资以及财政奖补的方式建设而成，饱含村民的热情和辛劳，因此规划在现有设施基础上通过建筑立面改造、加层和增加设施配套，对公共服务设施进行完善。

（二）建筑改造建设

现今农村建筑存在着新旧不一、体量造型各异、建筑质量参差不齐等问题，给建筑的改造带来不小的挑战。在本次建筑改造的思路为：拆除危房，修缮旧宅，改造新宅，对新建住宅进行建筑户型的推荐。

那蒙坡村庄旧宅多为坡屋面的青砖灰瓦建筑，建筑主体质量较好，存在的问题主要是屋瓦、木梁、檩条破损较为严重。改造建设中更换旧宅破损屋瓦、木梁、檩条，让青砖灰瓦建筑恢复旧日风采。

村庄新宅建筑层数大部分为3～4层，个别为5层，多为近年来修建的砖混民居，建筑质量好。但这部分立面建筑仅有少量进行外墙装修，其他全是红砖外露，且造型各异，建筑外立面效果不理想。无论哪一种建筑样式都不可能适用所有已建民房。因此在立面改造上，仅要求建筑色调的一致，不强

求建筑样式统一。建筑立面以灰瓦、白墙和青砖勒脚为元素，可以存在多种建筑样式，但在居住组团内尽量保持统一的风格。最终形成白墙灰顶青砖勒脚的建筑风貌。

（三）村庄景观的营造

1. 绿化

（1）村庄周边山坡绿化：将大面积普遍绿化放在首位，保护好现有植被，适地适树，形成乔灌草花混交的植物群落，维护生态平衡。在树种规划上结合村民意愿以乡土果树为主。如种植荔枝、杧果、龙眼和芭蕉等有经济效益的果树，既可绿化山坡，进一步丰富林相，同时又给村民带来一定收益，增加村民参与山坡绿化管护的积极性。

（2）道路两旁绿化：应避免行道树等距离地分布，在满足遮阴功能的前提下，采取自然式栽植，结合地形与环境，成丛、成群、疏密有致和株丛相间。游步道充分利用原有树木，并在道旁隙地、林缘、空地、转折处、停留赏景点配置适量耐阴灌木与草木花卉（野生为主），避免植物景观单调呆板，形成枝叶相交、林荫夹道、路转景变、曲径野花的山间绿色长廊，增加游览兴致。

（3）公共绿地绿化：在保护现有村庄内成形的果树、竹林和农作物等植物的基础上，公共空间的绿化以乡土树种为主（如龙眼、荔枝、黄皮、阳桃、木棉、小叶榕、黄槐和红花羊蹄甲等），荒芜的旱地上种植农作物（辣椒、木瓜、蔬菜等），灌木地被绿化宜选择可粗放管理的植被（如蟛蜞菊、野牡丹、马樱丹、三角梅、琴叶珊瑚等），草地以大叶油草为主，重点节点可适当点缀易管护的观赏性植物。

（4）河岸和水体绿化：河岸旁种植软枝红千层、黄槿、粉单竹、小叶榕树等本地生长势好、与农村环境契合度高的临水乔木。水边丛植芦苇、睡莲、风车草、再力花、鸢尾等，增添野趣的同时起到净化水体的作用。

2. 景观构筑物

村庄中的景观构筑物立面应简洁大方，色调以冷灰色为主。亭、廊、水榭、码头和牌坊等新建景观构筑物均采用简洁的坡屋顶，仿木的构架和简单的装饰；在湖面上新建的景桥和园亭采用了本地红砂岩材质和茅草装饰。所采用的景观元素与材料都为了与村庄环境相融合，体现村寨质朴的建筑风貌。

3. 水体驳岸的处理

那蒙坡内规划有知青湖和那陆湖两个湖面。因两个湖是由村内鱼塘相连而成，故驳岸的形式不一，

图 7　改造后知青湖周边建筑景观
图 8　改造后建筑组团景观
图 9　改造后建筑景观
图 10　改造后的河岸绿化一
图 11　改造后的河岸绿化二
图 12　那陆湖边新建的茅草亭
图 13　改造后知青湖周边建筑组团景观
图 14　尚莲廊
图 15　屋脊瓦片的造型
图 16　本地红砂岩景石
图 17　本地红砂岩铺地
图 18　石块砌筑挡土墙
图 19　村口大榕树与本地砂岩的搭配
图 20　牲畜码头一角
图 21　农家院落一角

有浆砌片石的立式驳岸,也有自然形成的斜式驳岸。在驳岸处理上依地就势,追求自然古朴,体现野趣。既要考虑到工程的要求,又要考虑景观和生态的要求。所以在改造建设时保留原有块石堆砌和植被覆盖的驳岸。对已有浆砌片石的立式驳岸采取台阶式驳岸和绿化垂挂等方式弱化其生硬感。在景观性较差的自然形成的斜式驳岸上,利用景观置石和种植耐水湿植物来丰富驳岸景观。在建设中本着节约和减少环境破坏的原则,对湖边的置石部分采用塑石手法。

图 7

图 8

图 9

图 10

图 11

图 12

图 13

图 14

图 15

图 16

图 17

图 18

图 19

图 20

图 21

4. 文化与特色

（1）注重村庄内人文环境的传承，建设嘹啰广场和修缮知青楼，完善其配套设施，为"嘹啰山歌、八音文化"和"知青文化"的宣传和继承提供载体。

（2）村庄内适当保留质量较好的夯土泥瓦房、青砖瓦房、红砖瓦房及建筑外观较好的洋房，作为村庄自然发展中的建筑年代符号。

（3）建筑立面改造设计强调与原建筑体量、结构的契合，以及与村庄环境的交融。景观建筑设计强调细节突出文化，如屋脊瓦片的官帽、铜钱的造型和屋脊两侧富有美好寓意的鱼形挂饰等。

（4）红砂岩、小青瓦和青砖等本地特色材料的大量应用以及乡土果树植物的配置强化了农村空间的坡地氛围和景观特色。

（5）村庄内强调体验的真实性，景观的打造凸显自然和质朴。如：入口牌坊迎宾区利用原村口大榕树与本地砂岩搭配，采用自然置石的手法，塑造自然朴实的村头风貌；小挡土墙采用本地山岩石块砌筑，还原农村朴实的工程手法。

八、经验总结

1. 保障发展与保护环境相结合

农村不仅是农民的栖身之地，也是区域城市发展的生态载体。节约自然资源、保护生态环境是农村发展所肩负的重要责任。保护过程不考虑发展的效益是不行的，离开发展，保护工作难以完善。应在考虑正常的经济效益和保护的前提下谈发展。因此，规划在如何保护与利用村屯环境资源的实践上进行有益的探索，村庄周边的山体、水域等自然环境都没遭到破坏，村庄居民点也没有大拆大建。反而通过种植果树，增加了山体植被绿化，带来经济效益；通过排污设施的建立、补水系统的完善和水生植物的种植，净化了水体；通过改造建设让山更青水更蓝，村庄自然肌理和人文环境得以有序传承。

2. 产业发展与村庄改造相结合

生产发展是新农村建设的首要目标和经济基础。只有农村经济发展了，村庄改造建设的基础设施才能得到有效的维护和发展。所以产业发展应与资源条件、村庄改造结合起来，统筹规划，统一发展。

那蒙坡作为近郊农村，将是城市的菜篮子。绿色优质瓜果蔬菜种植和优质肉鸡、肉猪养殖是近郊农村切实可行的产业发展方向。

随着本次村庄改造建设，那蒙坡将作为南宁市新农村建设的一张名片。旅游产业也将是产业发展的一个方向。在规划中预留靠近村坡南部洼地地块为旅游产业发展用地。待旅游产业需发展时，将利用洼地地形筑坝蓄水形成湖面。沿湖建设休闲度假酒店、产权式度假宾馆、观景亭廊、水榭、码头、生态果林等旅游设施，力求打造出以那蒙坡为依托的综合性旅游度假区。

3. 因地制宜，切合实际，实事求是

自然形成的村落与环境融合是乡村的普遍特性。大拆大建、整齐划一的建设模式也许能让村庄建筑空间、功能布局更合理，但这是一条不经济、不可复制的模式。中国广大农村依然要结合当地实际情况，实事求是，进行有针对性的改造建设。规划设计的内容应切实可行、可操作性强，公共产品和服务的供给应考虑建设成本和维护成本，杜绝高消耗、高维护的项目。

4. 贯彻村民自决和村民参与的指导思想

那蒙坡的村民有改善自身居住条件、提高居住质量的强烈愿望，对村庄改造建设拥护支持。在那蒙坡规划和建设阶段让村民参与方案的讨论，提出他们的意见，虽然给设计人员带来了很多额外的工作量，但收获更多的是前进的动力。在每一户建筑立面改造的方案均由设计人员与户主共同现场勘察确定。户主对山墙的高度、檐口的宽度、旧栏杆的保留、自家用地种植的植物等提出的要求，我们也尽可能地协调满足。如何让村民参与到实际的改造建设中，我们也做了些尝试，建设中由建设单位雇佣本地村民参与项目的施工。村民通过劳动获得建设红利，同时对自己亲手打造的新家园今后也会倍加爱护。

通过让村民自决和村民参与使得规划方案和改造建设既尊重了村民的意愿和权利，调动了其积极性；又让规划方案切实可行，改造建设顺利推进，形成真正意义上的新农村建设。

项目组成员名单

张燕东　蔡永铭　林大庆　滕　冬　徐　璐

阿里巴巴淘宝城园区景观设计

杭州园林设计股份有限公司

阿里巴巴淘宝城总部位于杭州西溪湿地公园西部，地块形状相对规整，总用地面积 26hm²，总建筑面积约 35.8 万 m²。作为阿里巴巴最具规模的园区，预计完全建成后有近 2.5 万人在此办公。现状场地内既拥有非常典型的柿基、柳基、竹基、桑基鱼塘，也有茭白塘、坍塌的塘埂，又有幽深的小河道，这些都是原汁原味的西溪风情，也使淘宝城园区拥有了有别于阿里其他园区的独特场地资源。

一、项目重点考虑的问题

企业文化与环境的融合：在环境中营造轻松的氛围，提供合适的场地，促进员工的交流，形成融合的工作环境。

景观与建筑、原场地的结合：景观注重对原场地生态的保护和利用，以及建筑与西溪地貌的协调。

动线及节点组织：确定主要动线网络，确保消防人流疏散等的基本要求。同时结合员工的各种需求，组织一系列连续的节点及游步道，形成网状的活动空间。

二、构思立意——"取样西溪"

"取样西溪"是在西溪美丽而复杂的特色环境中提取出与场地环境最相吻合的特征，并且以较单纯的方式给予表达，例如传统民居、典型鱼塘、自然河道、特色植物等等，完成后的园区环境就是一个西溪特色的样本展示园。

方案同时对西溪的肌理进行提炼，形成了斑块、廊道的抽象概念。与景观相结合，构成了园区环境中的斑块（各具特色的鱼塘、活动场地、休闲草坪、交流空间等等）、廊道（联系各个区块的交通流线）。

三、分区规划

根据建筑分布及场地特点，整个园区分为三个景观区：

南部景观区、中部景观区、北部停车场区及永胜港河道自然风光带。

图 1　项目区位图
图 2　总平面图

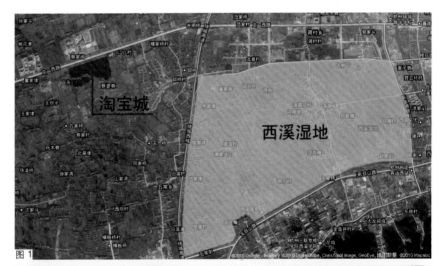

图1

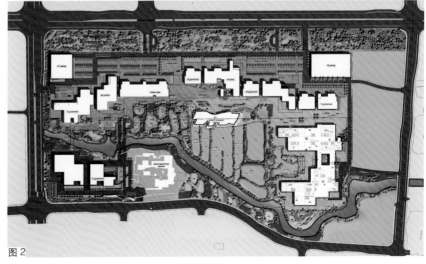

图2

图 3

图 4

图 5

图 6

图 7

保留现状地形、地貌，有效保护现状植被，在绿地及池塘上设置若干小平台，材质与建筑大平台相同，仿佛从建筑大平台中飘离下来一般，漂浮于西溪池塘之上，体现了对西溪自然最少干预的原则。片片平台掩映在西溪的柿树及芦苇中，充满了生机和质朴，体现了西溪和淘宝的完美结合，该区域平台以较为安静的活动为主。

（三）大平台区域

是淘宝员工休息集会的主要场所，也是建筑空间向西溪自然空间的过渡。把休息座凳和绿化种植融合进铺地当中，形成有机的整体。选取西溪的特色植物纳入平台种植当中，形成微缩的西溪景观。

五、主要手法

由繁入简：庞大的建筑，众多的人群，无数的需求都将在此聚集与碰撞，景观在此以什么样的方式容纳各种复杂要素？设计由繁入简，分析各种要素，抽丝剥茧般寻求最本质的需求，采用减法，力求创造一个形式最纯粹但又满足各种要求的景观。

从简见繁：尽管形态纯粹简单，但设计力求精致有细节。在材质选择、场地边缘处理、湿地生态水塘、植物搭配及雨水收集等方面，都做了反复的推敲比较。形成了一种内敛又有张力的景观特质。

四、主要设计节点

（一）主入口区

主入口区为一组镜面水池，代表了西溪的纯洁宁静。水池中穿插有种植池和座凳，与道路铺地相呼应。池中种植西溪代表性植物，如柿树、芒、芦苇等，体现西溪的特色。

（二）西溪样本园

对西溪的典型特色样本进行高度凝缩提纯形成园区中景观最有特点的区域，体现"取样西溪"的设计理念。

六、小结

阿里巴巴淘宝园区是一座规模庞大的产业园区，拥有大体量的建筑、大量的人员聚集、大面积的湿地风貌。设计采用了大繁至简的手法，由繁入简，从简见繁，营造了既具有湿地般宁静舒缓的外貌，又有湿地般生机勃勃的内在的现代化产业园区。

项目组成员名单
项目负责人：张永龙　李永红
项目参加人：张永龙　秦安华　陈莹　铁志收
　　　　　　冷烨　吴新
项目演讲人：张永龙

图 3　湿地肌理
图 4　分区规划
图 5　入口区效果
图 6　取样西溪效果图
图 7　大平台景观效果

参数化设计在山地景观设计中的运用

——以贵州石阡县五峰山山体公园为例

贵州省城乡规划设计研究院／詹　科　汤洛行

风景园林工程是理景造园所必备的技术措施和技艺手段。春秋时期的"十年树木"、秦汉时期的"一池三山"即属先贤例证。现代的竖向地形、山石理水、场地路桥、生物工程、水电灯讯气热等工程均是常见的配套措施。

一、引言

　　贵州省地处山区，地质破碎，城市多为山地城市，城市用地紧张，本着节约用地的原则，公园形式以山体公园为主。为此，贵州省住房和城乡建设厅还出台了一本地方规范《城镇山体公园化绿地设计规范》DBJ52-53—2008。运用常规的景观设计思路与技术，将难以解决山地景观设计过程中所遇到的困难，参数化技术的引入，能够解决山地景观设计中常规技术无法解决的一些问题，并且带来了一种新的设计思路与方法。

二、常规设计方式在山地景观中的弊端

　　按照常规的设计方式，山地景观设计会遇到以下几点困难：（1）基础分析困难。常规设计方式在对地形分析上主要采取三种方式，标高法、分段法和模型法，但分析结果的直观性和准确性都不够。（2）设计过程中的准确性不够高。这是在山地景观的园路和地形设计中，常常遇到的一个关键性问题。方案设计完成后在施工图设计阶段要进行大量修改，原因是方案设计不够准确。在方案阶段主要是对关键节点高程进行一个初步的计算，到了初设或施工图阶段才会进行准确计算，造成了方案高程与施工图高程有较大的差异。（3）表达方式不够直观，常规的设计方式主要以平面图、立面图和透视图等方式表达，在地形复杂的山地景观中，这些表达方式都显得不够直观。

三、参数化设计在山地景观设计中的运用

　　参数化设计的引入，可以解决传统设计无法实现的难题。针对以上山地景观设计中存在的问题，参数化设计都有相应的解决办法。这可以通过以下一系列软件实现：

（一）分析类软件

　　针对山体的现状分析，可以使用 GIS 和 Civil 3D，针对地形进行常规高程、坡度、坡向分析并生成分析结果表格。GIS 主要针对较大区域的宏观分析，Civil 3D 更适合设计尺度的数据分析，而且还可以进行地表径流分析和视线分析等。

（二）视觉表达类软件

　　针对表达方式的问题，可以通过 3Dmax、Rhino、SketchUp、lumion 和 infraworks 等软件进行配合，不但可以生成相对真实的效果图，lumion 可以输入 3Dmax、SketchUp 建立的模型进行效果图渲染，甚至可以快速地渲染景观动画（例如，一般情况下 1km^2 的公园场景渲染时间在 20～30 小时左右），并且大大提高工作效率。

（三）设计阶段软件

　　以上都是针对方案设计阶段数据分析和可视化表达的软件。当设计进入初步设计和施工图设计时，可以利用 Revit、Civil 3D 和 Garland 等软件，这一些软件都是在设计中对每一个设计元素进行参数复印，便于参数的修改和调整，可以大幅度地提高设计的工作效率。其中 Revit 主要是针对建筑设计，可直接进行建模，模型被赋予尺寸、材质和各种系数，在景观设计中 Revit 主要是针对景观建筑。Civil 3D 除了能对现状进行数据分析，还是一款对场景进行实体建模设计的软件，与 Revit 是同一系列软件，主要设计对象为室外的场地、道路和水体等。Garland（佳园）这一软件针对园林参数化设计开发的，主要解决的问题是园林种植的参数化设

图 1 石阡明清时期古地形图
图 2 石阡明清时期古地形图
图 3 石阡五峰山现状照片（泥石流区域）
图 4 石阡五峰山山体公园地表径流分析（Civil 3D）
图 5 石阡五峰山山体公园地表径流分析
图 6 石阡五峰山山体公园园路可视化设计
图 7 石阡五峰山山体公园总平面设计图

计。在该软件中，可以赋予苗木冠幅、胸径、高度和价格等参数，可以实现一键统计苗木和一键修改同种苗木。大大提高了种植设计的工作效率。

四、石阡县五峰山山体公园参数化设计运用

（一）概况

石阡县位于贵州省东北部，县城城区沿龙川河东西两侧建设，是贵州典型的南北走向带状峡谷城市。五峰山公园位于石阡县城中心，紧邻石阡古城东面，石阡古城具有悠久的历史文化，现存多个文保单位，并且是与城市各区域联系最便捷的片区。公园可俯瞰整个石阡城，空气清新，环境幽静，风

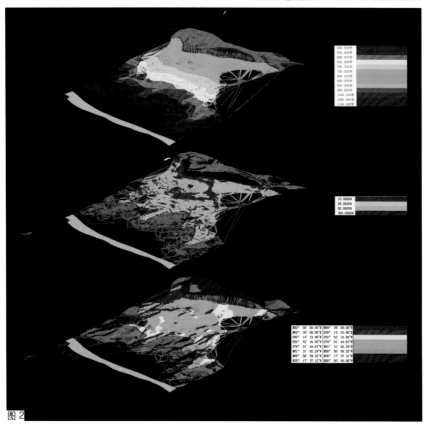

图 1

图 2

景资源类型较为丰富，观景效果非常好。园区内山林、疏林草地、果园等景观融为一体，具有休闲旅游发展的资源优势。

五峰山公园所属区域具有明显的高原性季风气候特点，系中亚热带季风湿润气候区，全年气候温和，热量丰富，雨量充沛，无霜期长，年平均气温 17℃，年降雨量 1081.4mm，年蒸发量为 700mm，全年日照总时数为 1075.1 小时。

（二）设计思路与立意构思

五峰山公园具有历史悠久的文化、自然优美的山体及林水相依和人鸟相伴的和谐生态环境。结合公园的区位、地位和现状，规划中首先要照顾到三个关系：公园与周边环境和现状生态植被的关系、公园与古城的关系、公园与龙川河的关系，从而提出公园规划的指导理念——民俗文化、生态漫步、旅游休闲。用全新的规划理念可以很好地解决现状分析中提出的三个问题，石阡五峰山公园将成为承载石阡历史文化的多元化旅游公园。

（三）场地分析

公园邻近城市居住用地，部分属于森林公园。主要范围是五峰山西面山坡，内部地形从西向东逐渐增高，公园属山地且山岭沟壑众多。地质结构以黏土和碳酸岩为主，土壤主要是酸性黄壤。植被以次生林为主，乔木以松柏类常绿植物为主。政府每年在该区域组织植树造林，主要为桂花和塔柏。园内还有部分果园，主要种植桃树、梨树和李树等。

在设计范围内，利用软件 Civil 3D 对公园用地进行分析，得出结论，最低点标高为 456m，位于规划区的西部，临近老城区；最高点标高为 906m，位于规划区东部，临近五老山主峰。西面邻近古城坡度变化相对较小，适宜建设基础设施和服务设施；中部和东部高差变化较大，只能布置少量的服务设施，适合发展登山、极限运动等活动；整个区域大部分处于西坡，日照时间较少，应当减少喜阳植物的配置，多配置耐阴性植物。

（四）设计难点

在设计过程中遇到了两个问题，问题一：山体存在泥石流地质灾害，但地质灾害无详细资料。在综合防灾规划中，提到五峰山有地质灾害，类型属于滑坡，目前的稳定性较差。这一问题给设计带来了挑战，由于地质灾害，很多设施性建筑无法在范围内布置。问题二：由于山地高差变化较大，平面图的表达无法真实地还原山体步道设

计的实际情况，在与甲方沟通过程中，入口与园路设计发生分歧。

（五）参数化解决方案

针对第一个问题，我们经过现场查勘。发现山体滑坡的问题存在，原因是山体植被破坏较为严重，无法有效地保持水土。当强降雨来临时，就会发生泥石流。但是，泥石流的发生不是整个山体，而是局部，主要集中在中部，北部和南部有少量的影响。发现问题原因后，我们采取相应措施：(1) 利用Civil 3D 对山体进行地表径流分析，找出泥石流主要区域；(2) 在泥石流主要区域上增加排洪沟，并在两侧设计水土保持林。(3) 将泥石流主要危害区域作为后期开发区域，在水土保持林完全成型，地质灾害接触后，再进行开发建设。

对于第二个问题，我们发现问题的焦点在于可视化表达的真实度。所以，我们运用了 Autodesk InfraWorks 进行可视化处理，对公园的山体、公路和主要园路进行了建模。InfraWorks 主要是一个为城市规划服务的软件，可以直接加载 Civil 3D 中建立的山体数据模型。在山体上可快速地建立道路、建筑等。通过三维可视化手段，快速进行前期方案比较和研究。所以，利用 InfraWorks 的可视化技术，我们与甲方快速、直观地确定了山体公园、园路的方案。

五、结语

以上只是参数化技术在山地景观设计中粗浅探索，随着技术的发展和进步，将有更多的技术会逐步运用到山地景观的设计工作中去。例如风向分析、水文分析和日照分析等。这些都需要我们在设计过程中不断地探索和实践。随着参数化技术的逐步成熟，它将以更为丰富的形式进入到我们的设计工作中，补充和完善常规方式方法，提高设计精度和效率。

项目组成员名单
项目负责人：詹　科
项目参与人：雷　喻　支　颖　蔡　璨
项目演讲人：詹　科

图3

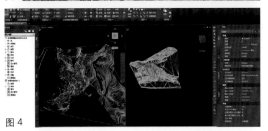

图4

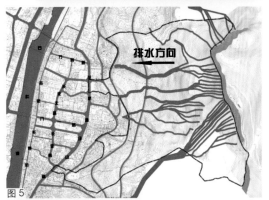

图5

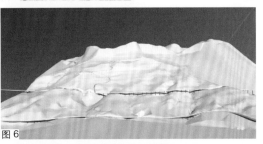

图6

图7

新材料新技术在现代产业园景观设计中的运用

杭州园林设计院股份有限公司／秦安华

杭州高新区（滨江）是国务院批准的首批国家级高新技术产业开发区之一，根据 2014 年 7 月科技部公布的全国国家级高新区综合排名，杭州高新区位列第五，是浙江省最重要的科技成果产业化基地、技术创新示范基地、创新型人才培养基地、高新技术产品出口基地和海外高层次人才创新创业基地。全区正踏上"三次创业"的新征程，白马湖生态创意城、奥体博览城、物联网产业园、智慧新天地及北塘河畔共同构成滨江区由天堂 e 谷迈向智慧 e 谷主载体的五大平台。

我院有幸参与到了这五大区域的景观设计之中，在设计的过程中，我们根据各个园区的特色特别注重了对于新材料、新技术的运用，在整合的基础上加以创新，构建符合现代园区特质的景观。

一、立意

"智慧的园区、交往的城市"。

智慧的园区——充分运用物联网技术，构建人与物、物与物之间联系互动的系统，形成园区的智能化运行。

交往的城市——科技的发展不应该将人过分专注于物，从而忽略了人与人面对面的交流，相反，我们构建智能的园区是为了更好、更多地将人解脱出来。所以我们所需要的园区环境更应该强调人与人的交往，通过连续的高架网络、有序的空间体系，创造人与人交流、往来的机会和场所。这有利于碰撞出灵感的火花，形成创新向上的园区氛围，同时使人际关系更加密切。

图 1

二、目标

（1）形成独特的园区形象——突出园区的标识感。通过独具园区特质的景观环境、标识、标牌、雕塑小品等要素形成园区与众不同的鲜明特色。

（2）创造宜人的交流场所——强化园区的区域感。通过广场、公园、滨水景观带、组团庭院等营造多样化的、满足各种人群需求的空间场所，促进人的使用，加强整个园区的区域归属感。

（3）构建高效的智能体系——体现科技感。通过智能交通、智能旅游、智能监控、智能照明、智能浇灌等等充分体现科技带给人们工作、生活的便利。

三、措施

（一）空间秩序的建立

建立园区中公共—半公共—私密的空间秩序，并通过慢行体系的设置强化进入园区之后的空间序列。

（二）园区特质的体现

和传统的互联网相比，智慧网络有其鲜明的特征。本案在设计中力求将这些特性充分体现到园区景观之中（表1）。

设计从智慧网络的构架——"感知层、网络层和应用层"为出发点，提出"智慧核"理念，突出物联网的核心，并且将"智慧核"分解为"智慧盒"和"传导线"两个部分运用到园区景观和标识体系中。

"智慧盒"——以不同形式、材质、色彩的景观盒构成高架走道上的节点、环境中的休憩点、园区的标识形象等等。人们在"智慧盒"前驻足欣赏、在"智慧盒"中放松交流，"智慧盒"感知它周边的一切，成为园区中感知终端；同时"智慧盒"也是物联网与园区各种人员的应用接口，人们在其中方便地了解到园区内的各项所需信息，"智慧盒"也适时调控周边的环境。

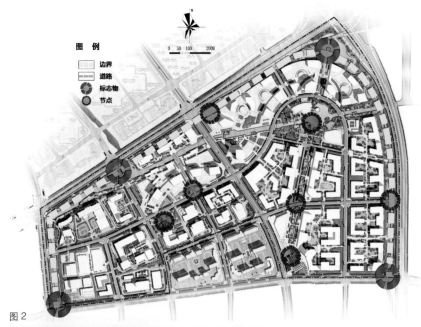

图2

图3

图4

图5

园区特质的体现　　　　　　　　　　　表1

智慧网络的特征	园区景观的特色
各种感知技术的广泛应用	"智慧盒"的全园覆盖
一种建立在互联网上的泛在网络	强调滨河步道、高架步道和游步道，使园区公共空间成为连续的整体
具有智能处理的能力，能够对物体实施智能控制	遍布园区的"智慧盒"能有效调节周边环境
提供不拘泥于任何场合、任何时间的应用场景与用户的自由互动	通过公共空间的景观引导和强调园区中人群的交流、互动

图1　园区景观结构图
图2　园区意象分析图
图3　与景观元素紧密结合的智能体系
图4　"智慧核"在园区中的展现一
图5　"智慧核"在园区中的展现二

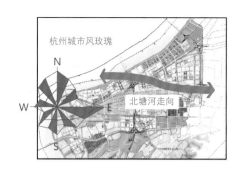

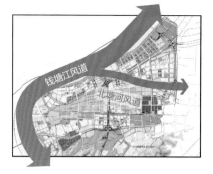

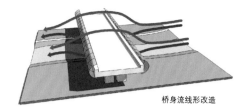

桥身流线形改造

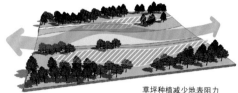

草坪种植减少地表阻力

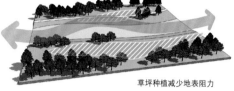

景观小品使风流通可视化

图 6

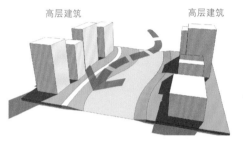

高层建筑　　　　　　高层建筑

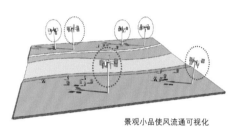

图 7

图 8

图 6　城市风道建设的可行性及相关措施
图 7　太阳能材料在景观中的运用
图 8　雨水花园的多样化展现

"传导线"——以不同的铺装样式、道路形式表现出了传输网络的寓意。

四、要点

(一) 廊道建设

设计中注重了城市风道、绿道、生态廊道的建设。

(二) 新能源、新材料、新技术的应用

(1) 光伏发电技术与新材料结合。

(2) 风能利用与景观。

(3) 雨洪管理。

(4) 线上交流模式。

(5) 物联网技术的应用:智能城管、智能引导、智能绿化。

项目组成员名单
项目负责人:秦安华　李永红
项目参加人:潘春明　郁　聪　周　婷　张　唯
　　　　　　郭　恺　徐筱婷　雷晗辰　李晨然
　　　　　　范宝云　惠逸帆
项目演讲人:秦安华

建筑垃圾堆弃地在城市公园建设中的利用

——以西安市红光公园为例

西安市古建园林设计研究院／李春华

一、前言

在我国城市发展的过程中，人们对城市公园的需求量逐年增加，为城市开辟一片绿洲是居民生活质量不断提升的重要保证。然而自改革开放以来，我国进入经济快速发展时期，城市生活、建筑、工业垃圾大量产生，加之处理能力下降、运输成本增加、监管力度不够等因素导致大量建筑垃圾堆弃场地的出现，特别是即将成为建设用地的土地更是成为倾倒建筑垃圾的"理想场所"。在城市用地中，建筑垃圾堆弃地是严重影响城市面貌和污染生活环境的"脏乱差"之地。随着节能减排和绿色生活的倡导，越来越多的人开始关注生态，从建筑垃圾堆弃地到城市公园的景观改造是城市废弃地再利用的一种具有特殊意义的景观改造形式。

西安市自提出构建国际化大都市以来，城市建设规模逐年扩增，城市更新进程中产生了大量的建筑垃圾，这些建筑垃圾阻碍了城市的发展。同时城市的发展对土地的需求量剧增，公园绿地的建设也逐渐失去了优先保证。因此，对建筑垃圾堆弃地的景观改造是环境品质提升的重要方式。

二、项目建设概况

（一）项目背景

红光公园建设工程被列入西安市 2013 年度政府十大惠民工程，备受社会关注。我院于 2010 年起承担西安市红光公园的工程设计任务，并于 2012 年完成红光公园园林工程设计。然而由于种种原因导致场地内大量建筑垃圾堆弃，对公园现状肌理特别是丛林细雨景区的地形地貌等情况影响较大，将之外运恢复原状已无法实施，因此我们对原红光公园园林工程设计进行了重新调整设计。

（二）批准的建设用地规划定点图

公园选址位于西安市未央区内，西邻西三环，南邻红光路，北邻阿房一路，用地西侧为阿房宫遗址，东南侧为西郊热电厂，东侧以张家村部分民房及居住区为主，皂河、西户铁路从用地内穿过，规划用地四周交通便利，现状建筑较少。公园占地 34.4hm²。

（三）面临的主要问题

（1）因建筑垃圾大量堆积，导致丛林细雨景

风景园林师
Landscape Architects
143

图 1　公园区位图

图1

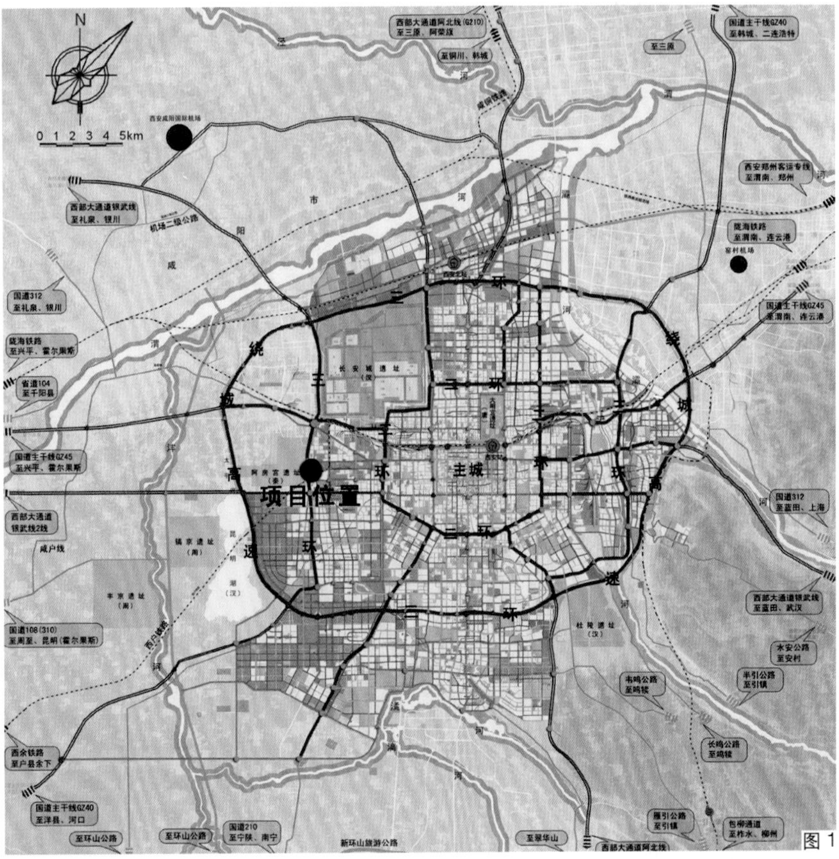

图2

图3

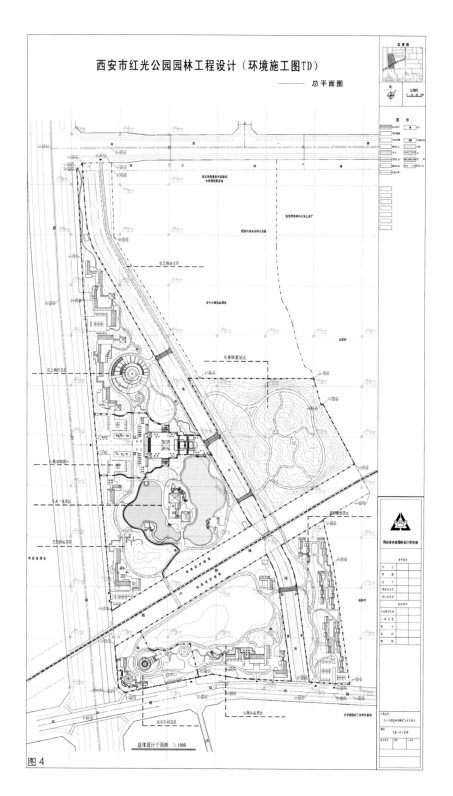

图4

区现状地形地貌发生很大变化，现状已经形成高约十几米的台塬，且台塬基地距离西户铁路、皂河河堤都较近，因倾倒不均匀人工形成一道沟壑，将丛林细雨景区一分为二。

（2）现状垃圾土堆积形成的山体，其土壤成分不能满足植物种植设计的规范要求，且人工堆砌的垃圾山存在不均匀沉降等安全隐患，在其上直接进行景观施工，难以保证后期安全。故必须对现状垃圾山进行地形地貌改造，并采取工程技术手段对其进行适当处理，以确保施工的顺利进行及满足后期安全、植物养护等要求。

（3）投资额度无法满足设计需求。

三、园林改造设计（技术路线）

（一）原设计理念

原红光公园的设计采用了中国传统的造园思想和手法，在公园的布局结构上强调了水景线——水脉、生态线——绿脉、文化线——文脉三条主脉，三条主脉相互包容、相互依存、相互渗透，反映古代道教思想中"太极"所包含的哲学观。

（二）改造手法

1. 总体构思

根据现状地形地貌情况，在尽量保持原设计主题内容的前提下，简化服务设施及项目，满足公园使用功能及景观功能要求。对现状垃圾山就地改造，不做整体倒运，为节约投资，尽量土方就地平衡，根据投资控制要求，尽量降低工程造价。预留造景空间，待山体沉降稳定后，适当设置硬质景观小品。

2. 竖向设计调整及地形处理措施

铁路北侧30m安全区域基本保持原高程平整，以保证铁路安全；皂河以东、园区北部及东部，红线以内20m范围为缓坡，以保证皂河及老年公寓等周边区域安全;其余区域按照竖向设计规范要求,结合现状山体形态就近改造并形成山林景观,道路、广场等设施在满足规范的前提下尽量简易化,便于后期维护。

　　3.种植设计调整

　　结合山地地形,选取秋色叶、彩色叶树种,片植成林,以常绿树丛为背景,形成以体现植物秋季季相景观为主的山林景区。

四、结语与展望

　　建筑垃圾是个不断产生的过程,红光公园的建设将再生设计理念应用其中,能够更好地整合建筑垃圾这部分资源,通过建筑垃圾在城市公园堆山造景的再利用,为居民提供休闲娱乐场所,使建筑垃圾变废为宝,有效地应用于城市建设和景观建设,同时消纳了大量的建筑垃圾,促进城市面貌的改变。

　　存在遗憾与展望:建筑垃圾在城市公园景观设计中再利用,是新时期城市公园绿地建设一个不可避免的问题,因此对建筑垃圾的形态、建筑垃圾性质的研究、分类等环节的把握至关重要,由于设计者自身水平的制约,红光公园的改造设计必然存在一定的局限性与不合理性,有待于进一步完善:

　　(1)应加强西方经验与中国特色的结合。建筑垃圾再利用的实践经验西方更为成熟,但在学习与借鉴的过程中,不可盲目跟从,比如一些建筑垃圾的材料是中国特有的,其处理手法应当传承中国文化的特色。

　　(2)文化特色主题有待完善。在城市公园中活动的群体就是人,那么以人为本就不能是一句空话,因此,文化内涵的体现尤为重要。红光公园的设计因资金、专业处理技术等方面的限制,短期内文化特色方面的景观表现不足,对人的游赏产生了一定的限制。

　　(3)注重细节的处理。好的公园建设,特别是公园建设项目中建筑垃圾再利用,对技术、方案、资金和各工种配合等各个方面要求很严格,因此,细节的处理尤显重要,只有各环节有效配合,才能在安全的前提下,创造出一个变废为宝、独具特色的公园。

项目组成员名单

项目负责人:高　宇

项目总工程师:徐育红　高　宇

项目参加人:高　宇　徐育红　李春华　李　茹

　　　　　　戚　哲

图2　丛林细雨景区现状一
图3　丛林细雨景区现状二
图4　总平面图
图5　丛林细雨景区完成后一
图6　丛林细雨景区完成后二
图7　丛林细雨景区完成后三
图8　天水一色景区完成后一
图9　天水一色景区完成后二

图5

图6

图7

图8

图9

玻璃石在景观设计中的应用

——以正弘中央公园为例

笛东规划设计（北京）股份有限公司／周梁俊

一、项目概况

正弘中央公园项目位于河南省郑州市，本案的景观设计延续建筑折形线条和纹理的元素，在尊重建筑的大构架下，既让景观与建筑协调，又使景观起到"画龙点睛"的作用。正弘中央公园的宣传色是偏湖蓝色的"Tiffany"蓝，我们试图营造一条折形的湖蓝色飘带，贯穿于整个地块。立体的蓝色玻璃墙散置于地面的玻璃"河流"间，璀璨夺目的蓝色玻璃珠步道，这些都是我们运用的设计新手法和新材料。湖蓝色的玻璃元素最终成为项目的一个亮点，吸引人们探索整个场地和发现不经意间的细节。

二、玻璃石材料特点

玻璃石是制造酒瓶、镜子等玻璃制品的粗原料。玻璃石颜色众多：深蓝、海蓝、湖蓝、浅蓝、深绿、浅绿、琥珀色、黄色、红色、酒红色、透明、白色、不透明黑色等等。在普通玻璃的配料中如果加入 0.4% ~ 0.7% 的着色剂，就能使玻璃呈现色彩。着色剂大多是金属的氧化物。由于每种金属元素都有它独特的"光谱特征"，所以不同的金属氧化物都能呈现出不同的颜色，如果在玻璃配料中加入氧化物就可以使玻璃着色。例如，加入氧化铬（Cr_2O_3），玻璃现绿色；加入二氧化锰（MnO_2），玻璃呈紫色；加入氧化钴（Co_2O_3），玻璃呈蓝色。

玻璃本身有独特的透光性和光折射。随着玻璃块的大小和每个截面角度的变化，会呈现出各种各样的颜色、反射、深浅、光晕等等。玻璃块可以成为价格低廉的装饰品，在太阳光下，远看犹如钻石般闪耀，近看好像水晶般晶莹剔透。

玻璃石的尺寸可以根据需求而制作：小的如玻璃珠，直径 1~3mm、2~4mm、3~6mm、6~9mm、9~12mm、12~20mm、20~50mm。大的如玻璃块，直径：100~120mm、150mm、200mm、250mm。小的可以散置或者胶粘，大的可以用以石笼的做法。

三、散置玻璃块

为了不用真实水景而呈现水的效果，我们采用散置直径 100mm 的玻璃石散置于"河流"当中。"河流"的槽深 150mm，下面埋线性灯。晚上槽里的玻璃石在 LED 灯的照射下很容易形成蓝色光带，宛如灵动的溪流。散置的玻璃石需要在管理严格的中庭内实现。

图 1　设计效果图
图 2　各色玻璃石是制造酒瓶、镜子等玻璃制品的粗原料

图1

图2

图3

图4

图5

四、玻璃石墙

（一）设计亮点

公园东南入口的玻璃石笼景墙，是本项目的一大亮点。设计的初衷是希望通过一个醒目的标志，把行人引入售楼部，同时契合项目以湖蓝色为主题的整体气质。材质选定湖蓝色玻璃料石填充，白天晶莹剔透的玻璃在阳光下熠熠生辉，晚上灯光渗透过玻璃，形成一个蓝色的玻璃景墙。主创团队考虑用梯形的造型，和建筑独特的外形相呼应。

（二）玻璃石在实践中存在的问题

根据设计图纸，石笼用5mm厚不锈钢角钢做边框，直径2.5mm的钢丝焊接成为100mm×100mm的外网，里面填充直径100~150mm的湖蓝色玻璃料石。底部埋一排间距1m的LED地埋灯。但在施工完后发现无法达到理想的效果。首先，梯形的施工精度不高，钢条因为两个基点定位不精准而弯曲。其次，钢丝直径偏小导致抗压强度太小。由于玻璃块自上而下重力产生的挤压，钢丝网整体往外弯曲变形严重，看上去做工显得过于粗糙。更重要的是，玻璃本身透明度因为厚度的增加而急剧减弱，在阳光的照射下并不如人们想象中的那样会晶莹剔透。而且，埋地LED灯在夜间完全不能穿透玻璃透出光线，无法达不到原来想象中蓝色发光墙的效果，玻璃石笼墙整体发乌。

（三）玻璃石问题的解决方案

在发现问题后，设计师对玻璃石笼景墙进行了大幅度的调整。

第一，景墙外形改成了十分简单的长方形，角点定位方便，更加便于外框的施工。同时长方形的形状显得端庄大气。

第二，比较棘手的灯光问题，通过多次现场实验得知，LED灯带穿透玻璃的厚度仅为100~150mm，只有减薄石笼玻璃的厚度，夜晚才能达到比较理想的景观灯光效果。于是设计团队把玻璃石笼设计成中空型，相当于在玻璃石笼里面加上一个小灯箱。为了方便检修，内层灯箱笼体设计成300mm宽度，间隔100mm放置一圈LED灯带，外层石笼两侧玻璃厚度分别为120mm，最后用直径60~80mm的湖蓝色玻璃料石填充。试验结束表明，夜晚灯带能够轻松透过两侧湖蓝色的玻璃，呈现夺目闪烁的效果。在白天，因为笼体厚度的减薄，透光性得到增强。于是石笼整体不再发乌，问题得到很好的解决。太阳光透过玻璃，形成了美丽的湖蓝色LOGO墙。

第三，不锈钢钢丝直径增大为5mm，方格缩小成为60mm×60mm。这样，石笼的外皮得到了优化和增强。但是光靠这样还不足以支撑玻璃石的重量。于是设计师用不锈钢钢丝将内灯笼表皮和石笼外表皮每个半米做一个焊接，以形成稳定的支撑。经过实验证明，加强支撑后，石笼表面的钢丝网不会再发生变形情况。

图3 直径100mm的玻璃石散置
图4 散置的玻璃石很容易形成蓝色带，可以意向替代水
图5 光线的渐变很明显，玻璃石白天透过性在200mm以内
图6 玻璃石笼做法剖面
图7 150mm是灯光在玻璃石中传递的极限
图8 玻璃石笼白天效果
图9 夜间发光细节

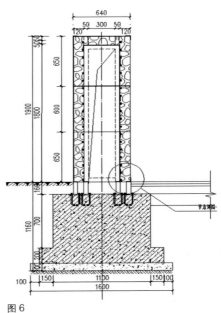
图6

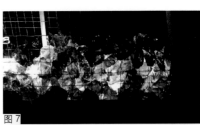
图7

图8

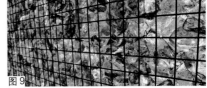
图9

宝石蓝 / 冰海蓝 / 清水蓝 / 浅水蓝

图10

璀璨夺目的感觉，设计师决定尝试用直径 8mm 的玻璃石（俗称琉璃石）作为基础铺装，希望将玻璃璀璨的感觉发挥出来。因为所采用的 8mm 玻璃石为新材料，没有任何过往相关的做法和项目参考，所以设计方、甲方和施工队三方一起商讨解决方案，先由施工队做样板，然后设计方和甲方来审核定样。在试验过程中，一共采取了三种不同的做法。

（一）水洗石做法

施工区域是在建筑的屋顶，基层为建筑做完防水的砂浆保护层，不透水没有渗透作用。水洗石的基本做法是用水泥混合玻璃石，做成 20mm 厚的路面。第一块样板近看效果很好，但是远看效果却很差。因为玻璃石密度不够，分布不均匀，砂浆整体发白发粉。第二块样板换成了黑水泥，希望能把水泥发白的感觉压下去，同时提高工人的施工质量。可是结果也不尽如人意，黑水泥干后也会发粉。以前湖蓝色玻璃的璀璨鲜艳感觉在嵌入水泥后衰减严重，开始发黑，原因是水泥基层实际阻挡了光线透过玻璃，并且在玻璃的颜色基础上叠加水泥的颜色。第三块样板我们尝试减薄水泥砂浆厚度到 15mm，试图增加玻璃的透亮度，结果依然不尽如人意。第四块样板增大玻璃与水泥砂浆的比例调节到 玻璃：水泥砂浆 =1:1，为了避免水泥颜色发粉严重，此次使用了黑水泥，但是问题出现在玻璃比例增大会使玻

通过与甲方沟通和施工队的配合，最终玻璃石笼白天与夜晚的效果都十分理想。因为玻璃石笼在夜晚是一个蓝色的发光体，所以设计师在表面放了一个不发光的 LOGO，通过发光的背景将其清楚的映衬出来。

五、玻璃石的铺装研究

在项目的方案设计中，设置一条蓝色步道，犹如一条蓝色飘带贯穿整个场地。为了实现星河

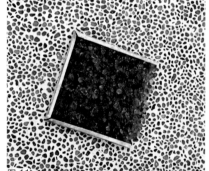
图11

图12

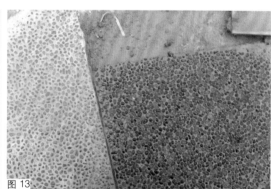
图13

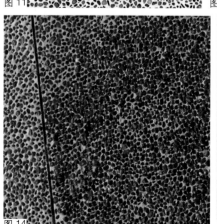
图14

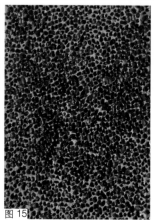
图15

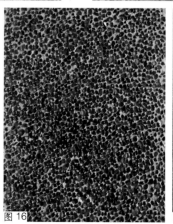
图16

图17

图18

图19

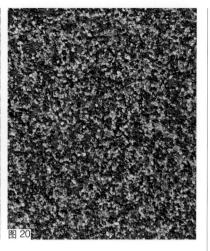
图20

图 10　8mm 玻璃石色彩种类
图 11　近看洗米石效果
图 12　远看洗米石不均匀，白
　　　水泥颜色发粉
图 13　改成黑水泥也没有得到
　　　改善
图 14　玻璃：水泥 =1：1
图 15　玻璃：水泥 =2：1
图 16　玻璃：水泥 =3：1
图 17　胶粘石
图 18　耐脏性很差
图 19　玻璃：砾石 =1：2
图 20　玻璃：砾石 =1：1
图 21　玻璃：砾石 =2：1

璃与水泥砂浆黏合的面积急剧降低，减弱了玻璃的附着性。第五块样板，玻璃：表面水泥 =2:1。第六块样板，玻璃：表面水泥 =3:1，玻璃的附着力已经超出了极限，非常容易脱落。并且铺装大面积展开时，因为施工工艺的原因，玻璃石的密度不均匀，达不到美观的要求。

（二）胶粘石做法

胶粘石做法是将玻璃石和胶水混合起来，厚度为 20mm，待胶水干后，玻璃石凝结成板。优点是材料统一，颜色纯粹。胶粘石之间有缝隙，基层需要透水的材料以便水分渗透，例如灰土，夯实土等。否则冬天雪水渗入空隙中，一旦结冰，水体积膨胀将会撑破原有的空隙空间，使胶粘石板产生裂痕。

第一块样板，冰海蓝玻璃砾石一旦参入固定用的胶水，整体色度和透明度会降低很多。原本期待的玻璃的属性受到很大的影响，颜色偏深。第二块样板，为了提高亮度，胶粘石厚度减少到 15mm，但是收效甚微。同时，纯玻璃胶粘石的耐脏性很差。鞋底的灰尘和污渍非常容易滞留在表面，由于完成面是亮面，脏物质特别容易显现出来。第三块样板，尝试通过加入蓝色石粒提高亮度，玻璃：砾石 =1：2。缺点是远看过去地面显得比较花，色泽不统一。第四块样板，玻璃：砾石 =1：1。第五块样板，玻璃：砾石 =2：1。

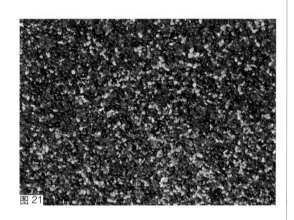
图21

六、经验总结

该研究前后共经历 17 次样板试验，但是效果不甚理想。胶粘石做法在室外由于受到温度、湿度等室外自然条件的限制和影响，容易出现脏、滑等问题。在冬季，水渗透进面层结冰还会引起面层进裂。因为透光性的不足，玻璃晶莹剔透的特性大打折扣，同时玻璃易滑，出于安全性的考虑，在室外环境下不宜使用。

但是，如果在室内环境下，没有温度、湿度的巨大变化，胶粘石完全可以实现。

项目组成员名单
项目负责人和主要设计者：袁松亭　周梁俊　李真艳
项目演讲人：周梁俊

图书在版编目(CIP)数据

风景园林师 15　中国风景园林规划设计集/中国风景
园林学会规划设计委员会等编. —北京：中国建筑工业
出版社，2016.3
　　ISBN 978-7-112-19087-4

Ⅰ. ①风… Ⅱ. ①中… Ⅲ. ①园林设计－中国－图集
Ⅳ. ① TU986.2-64

中国版本图书馆 CIP 数据核字（2016）第 030142 号

责任编辑：田启铭　郑淮兵　杜　洁　兰丽婷
责任校对：陈晶晶　关　健

风景园林师 15

中国风景园林规划设计集

中国风景园林学会规划设计委员会
中国风景园林学会信息委员会　编
中国勘察设计协会园林设计分会
*
中国建筑工业出版社出版、发行（北京西郊百万庄）
各地新华书店、建筑书店经销
北京圣彩虹制版印刷技术有限公司印刷
*
开本：880×1230毫米　1/16　印张：10　字数：310千字
2016 年 4 月第一版　2016 年 4 月第一次印刷
定价：**99.00元**
ISBN 978-7-112-19087-4
　　　　（28262）